JN013223

ユーキャンの

第3版

丙種危険物
取扱者

速習レッスン

ユーキャンが よくわかる！ その理由

● 重要ポイントを効率よく学習！

危険物取扱者試験で必要とされる項目をすべて暗記することはとても大変です。
そこで本書では、試験で問われやすい重要ポイントを厳選。効率よく学習していただけるよう、工夫を凝らして編集しています。

■重要度を3段階で表示！

■欄外でも重要ポイントを明確にします
プラスワン
重要
用語

● すぐわかる、すぐ暗記できる

■レッスンを始める前に

要点がわかる「受験対策」と、速子先生と丙太くんの「丙種劇場」で、これから学習する内容を大まかに理解します。

1コマ

■ラクして楽しく暗記

イラストや図を使い、重要ポイントをイメージとして覚えやすくしました。巻末にはポイントまとめ資料も収録し、試験直前期の暗記をお手伝いします。また、ゴロ合わせや付属の赤シートも、楽しく効率よい暗記に役立ちます。

● 問題を解いて、実力アップ

■○×問題と予想模擬試験

各レッスン末の○×問題で、理解度をすぐにチェック。知識をしっかり定着させることができます。さらに巻末の予想模擬試験（3回分）で、試験前の総仕上げ＆実力確認ができます。

理解度チェック○×問題	
Key Point	**できたら チェック** ☑
ガソリン（自動車ガソリン）	□□ 1　ガソリンは揮発性が高く、その蒸気は空気より重い。
	□□ 2　ガソリンは電気の良導体であり、静電気が蓄積されにくい。

目　次

第1章　燃焼と消火の基礎知識

第2章　危険物の性質とその火災予防および消火

第3章　危険物に関する法令

〈別冊〉

予想模擬試験

本書の使い方

1 レッスンの内容を把握！

「受験対策」と「1コマ丙種劇場」で、これから学習する内容や学習のポイントを大まかに確認しましょう。

2 本文を学習しましょう

消火器の本数で、項目ごとの重要度がひと目でわかります。
欄外の記述やアドバイス、イラストや図表も活用して、本文の学習を進めましょう。

「1コマ丙種劇場」でイメージを膨らまそう

レッスンの重要な内容を、1コマ漫画で表現しました。

しっかり教えますから、合格目指して頑張りましょう！

速子先生

これから皆さんと一緒に学習します。よろしくね！

丙太くん

欄外で理解を深めよう

　用語

難しい用語を詳しく解説します。

プラスワン

本文にプラスして覚えておきたい事項です。

重要

試験で問われやすい重要ポイントです。

Lesson **1** 燃焼の定義

受験対策 燃焼の定義および燃焼に必要な条件を覚えましょう。燃焼の種類も可燃物の形状によって異なります。第4類危険物は液体なので、すべて蒸発燃焼であることを確実に理解しておきましょう。

1コマ丙種劇場・その1

アルコールランプの芯が焦げないのはそういうことか！

アルコールは蒸発燃焼をします。液体そのものは燃えません。

1 燃焼の定義

ある物質が酸素と結びつく化学反応を酸化といいます。ガソリンや灯油が燃える現象も、これらが酸素と結びつく化学反応なので、酸化です。酸化のうち、熱と光を発生するものを特に　　といいます。鉄が錆びる現象なども酸化ですが、熱や光を発生しないので燃焼とはいいません。
　燃焼には、燃える物（　　）と酸素（　　）、火（　　）の3つが同時に存在しなくてはなりません。

燃焼の3要素

①　　　　　②　　　　　③

　燃焼の3要素のうち、1つでも欠ければ燃焼は起こりません。したがって、　　の際にはどれか　　ことになります。

1 可燃物（可燃性物質）

　紙、木材、石炭、ガソリン、灯油等は可燃物です。

用語

燃焼
発熱と発光を伴う、酸化反応のこと。

プラスワン

二酸化炭素（CO₂）は、炭素が完全燃焼して生じたものなので、これ以上燃えない（不燃物）。一方、一酸化炭素（CO）は、炭素の不完全燃焼で生じたものなので、可燃物である。

・12・

3 ○×問題で復習

各レッスンの学習がすんだら「理解度チェック○×問題」に取り組みましょう。知識の定着に役立ちます。

4 章末確認テストで復習

各章の学習がすんだら「章末確認テスト」に取り組みましょう。

---

② 酸素供給源（支燃物）

燃焼を支える酸素の供給源には次のものがあります。
- 空気中の酸素
  酸素濃度が高くなると燃焼は激しくなり、逆に酸素濃度がおおむね14％以下になると燃焼は継続しません。
- 可燃物自体の内部に含まれている酸素
- 酸素を供給する酸化剤等に含まれている酸素

③ 点火源（火源、熱源）

火気のほか、静電気や摩擦、衝撃による火花等も含まれます。ただし、融解熱や蒸発熱は点火源になりません。

2 燃焼の種類

① 固体の燃焼
- 分解燃焼
  固体が加熱されて分解し、そのとき発生する可燃性蒸気が燃焼するものです。炎が出ます。
  例 紙、木材、石炭、プラスチック
  分解燃焼のうち、その固体に含まれている酸素によって燃える燃焼を自己燃焼（内部燃焼）といいます。
  例 ニトロセルロース、セルロイド
- 表面燃焼
  固体の表面だけが赤く燃える燃焼です。分解も蒸発もしません。炎は出ません。例 木炭、コークス
- 蒸発燃焼
  加熱された固体が熱分解せずに蒸発して、その蒸気が燃える燃焼です。例 硫黄、ナフタレン

分解燃焼（炎が出る）

表面燃焼（炎は出ない）

Lesson1 燃焼の定義

🗨 用語

空気
窒素（78％）と酸素（21％）を主成分とする混合気体。

酸素O_2
水にあまり溶けず、無色無臭。ほかの物質を燃焼させる支燃性があるが、酸素自体は不燃物である。

融解熱
固体を加熱して液体にする熱。

蒸発熱
液体を加熱して気体にする熱。

可燃性蒸気のことを「可燃性ガス」とも呼びます。

🎲 ゴロ合わせ

燃焼の仕方
セル、セル、自己中
（セルロイド、ニトロセルロースは自己燃焼）

炭濃く霜す、表だけ
（木炭、コークスは表面燃焼）

異様なふたり蒸発中
（硫黄、ナフタレンは蒸発燃焼）

第1章　燃焼と消火の基礎知識

●13●

---

5 予想模擬試験にチャレンジ！

学習の成果を確認するために、本試験スタイルの予想模擬試験（3回分）に挑戦しましょう。

使いやすい！別冊タイプ

らくらく暗記！

楽しい覚え方で暗記がはかどります。

本書における科目の順番について
本書の科目の順番は『学びやすさ』という観点から、実際の試験の科目順とは異なっています。

丙種危険物取扱者の資格について

1 危険物取扱者とは

危険物取扱者は、"燃焼性の高い物品"として消防法で規定されているガソリン・灯油・軽油・塗料等の危険物を、大量に「製造・貯蔵・取扱い」する各種施設で必要とされる**国家資格**です。

ひと口に危険物取扱者といっても、資格は「甲種（こうしゅ）」「乙種（おつしゅ）」「丙種（へいしゅ）」の３種類に分けられます。

本書が対象とする**丙種**は、ガソリン、灯油、軽油、重油等の取扱いが可能な**資格**です。

資　格		取扱い可能な危険物
甲　種		全種類の危険物
危険物取扱者 乙種	第１類	塩素酸塩類、過塩素酸塩類、無機過酸化物、亜塩素酸塩類などの酸化性固体
	第２類	硫化りん、赤りん、硫黄（いおう）、鉄粉、金属粉、マグネシウム、引火性固体などの可燃性固体
	第３類	カリウム、ナトリウム、アルキルアルミニウム、アルキルリチウム、黄りんなどの自然発火性物質および禁水性物質
	第４類	ガソリン、アルコール類、灯油、軽油、重油、動植物油類などの引火性液体
	第５類	有機過酸化物、硝酸エステル類、ニトロ化合物、アゾ化合物などの自己反応性物質
	第６類	過塩素酸、過酸化水素、硝酸、ハロゲン間化合物などの酸化性液体
丙　種		**ガソリン、灯油、軽油、重油など第４類の指定された危険物**

2 丙種危険物取扱者試験について

▶▶▶**試験実施機関**

都道府県知事から委託を受けた、**消防試験研究センター**（の各都道府県支部）
が実施します。

▶▶▶**受験資格**

年齢、学歴等の制約はなく、**どなたでも受験できます**。

▶▶▶**試験科目・問題数・試験時間**

危険物に関する法令	10問	1時間 15分
燃焼および消火に関する基礎知識	5問	
危険物の性質ならびにその火災予防および消火の方法	10問	

▶▶▶**科目免除**

5年以上消防団員として勤務し、かつ、消防学校の教育訓練のうち基礎教育
または専科教育の警防科を修了した方は、「燃焼および消火に関する基礎知
識」の全問が免除になります。それぞれ証明する書類が必要です。

▶▶▶**出題形式**

4つの選択肢の中から正答を1つ選ぶ、**四肢択一のマークシート方式**です。

▶▶▶**合格基準**

試験科目ごとの成績が、**それぞれ60%以上の場合に合格**となります。
※3科目中1科目でも60%を下回ると不合格となります。

3 受験の手続き

▶▶▶ **受験会場**

危険物取扱者の試験は都道府県単位で行われており、居住地に関係なく**全国どこの都道府県でも、何回でも受験できます。**

▶▶▶ **受験案内・受験願書**

消防試験研究センターの各都道府県支部、または各消防署等で入手できます。受験願書は全国共通です。

▶▶▶ **申込方法**

受験の申込みには、**書面申請**（願書を書いて郵送する）と、**電子申請**（インターネットを使って消防試験研究センターのホームページから申し込む）があります。いずれも試験日より50〜40日前頃までに締め切られます。

▶▶▶ **試験日**

受験する都道府県によって異なりますが、各都道府県で年に複数回行われています。

▶▶▶ **試験地**

各都道府県（専用施設や大学・専門学校等）

試験の詳細、お問い合わせ等

消防試験研究センター

ホームページ　https://www.shoubo-shiken.or.jp/

電　話：03-3597-0220（本部）

※受験スケジュール等の詳細や各都道府県支部の所在地等もホームページから確認することができます。

第1章

燃焼と消火の基礎知識

第1章では、燃焼と消火についての基礎的な知識を学びます。

試験に毎回出題される重要項目です。

また、資格の学習全体の基本になる内容ですから、そのつもりでしっかりと理解してください。

第1章の学習内容に自信がもてれば、そのあとの学習を楽に進めることができます。

燃焼の定義

燃焼の定義および燃焼に必要な条件を覚えましょう。燃焼の種類も可燃物の形状によって異なります。第4類危険物は液体なので、すべて蒸発燃焼であることを確実に理解しておきましょう。

1コマ 内種劇場 ● その1

アルコールランプの芯が焦げないのはそういうことか！

アルコールは蒸発燃焼をします。液体そのものは燃えません。

1 燃焼の定義

　ある物質が酸素と結びつく化学反応を酸化といいます。ガソリンや灯油が燃える現象も、これらが酸素と結びつく化学反応なので、酸化です。酸化のうち、熱と光を発生するものを特に燃焼といいます。鉄が錆びる現象なども酸化ですが、熱や光を発生しないので燃焼とはいいません。

　燃焼には、燃える物（可燃物）と酸素（酸素供給源）と火（点火源）の3つが同時に存在しなくてはなりません。

燃焼の3要素		
①可燃物	②酸素供給源	③点火源

　燃焼の3要素のうち、1つでも欠ければ燃焼は起こりません。したがって、消火の際にはどれか1つを取り除けばよいことになります。

①可燃物（可燃性物質）

　紙、木材、石炭、ガソリン、灯油等は可燃物です。

用語

燃焼
発熱と発光を伴う、酸化反応のこと。

プラスワン

二酸化炭素（CO_2）は、炭素が完全燃焼して生じたものなので、これ以上燃えない（不燃物）。一方、一酸化炭素（CO）は、炭素の不完全燃焼で生じたものなので、可燃物である。

②酸素供給源（支燃物）

燃焼を支える酸素の供給源には次のものがあります。

● 空気中の酸素

酸素濃度が高くなると燃焼は激しくなり、逆に酸素濃度がおおむね14%以下になると燃焼は継続しません。

● 可燃物自体の内部に含まれている酸素

● 酸素を供給する酸化剤等に含まれている酸素

③点火源（火源、熱源）

火気のほか、静電気や摩擦、衝撃による火花等も含まれます。ただし、融解熱や蒸発熱は点火源になりません。

2 燃焼の種類

①固体の燃焼

● 分解燃焼

固体が加熱されて分解し、そのとき発生する可燃性蒸気が燃焼するものです。炎が出ます。

例 紙、木材、石炭、プラスチック

分解燃焼のうち、その固体に含まれている酸素によって燃える燃焼を自己燃焼（内部燃焼）といいます。

例 ニトロセルロース、セルロイド

● 表面燃焼

固体の表面だけが赤く燃える燃焼です。分解も蒸発もしません。炎は出ません。例 木炭、コークス

● 蒸発燃焼

加熱された固体が熱分解せずに蒸発して、その蒸気が燃える燃焼です。例 硫黄、ナフタレン

分解燃焼（炎が出る）

表面燃焼（炎は出ない）

用語

空気
窒素（78%）と酸素（21%）を主成分とする混合気体。

酸素O_2
水にあまり溶けず、無色無臭。ほかの物質を燃焼させる支燃性があるが、酸素自体は不燃物である。

融解熱
固体を加熱して液体にする熱。

蒸発熱
液体を加熱して気体にする熱。

可燃性蒸気のことを「可燃性ガス」とも呼びます。

ゴロ合わせ

燃焼の仕方
セル、セル、自己中
（セルロイド、ニトロセルロースは自己燃焼）

炭濃く隠す、表だけ
（木炭、コークスは表面燃焼）

異様なふたり蒸発中
（硫黄、ナフタレンは蒸発燃焼）

プラスワン

可燃性固体を粉状にすると、物質の表面積が大きくなるため酸素と接触しやすくなり、燃えやすくなる。また、熱が移動できない状態なので物質の温度も上昇しやすくなる。

プラスワン

引火性液体を噴霧状にすると、粒子となることで表面積が大きくなり、空気中の酸素との接触面積が大きくなり、燃えやすくなる。また、蒸発しやすく、可燃性蒸気になりやすい。

②液体の燃焼＝蒸発燃焼

液体そのものが燃えるのではなく、液面から蒸発した可燃性蒸気が空気と混合して、点火源により燃焼します。例 ガソリン、灯油

③気体の燃焼

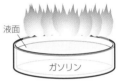

液体そのものが燃えるわけではないので、炎と液面の間にわずかなすきまができる

可燃性ガスと空気が一定の濃度範囲で混合する必要があります。あらかじめ両者が混合して燃焼することを予混合燃焼、混合しながら燃焼することを拡散燃焼といいます。

3 燃焼の難易

一般に、物質は次の状態のときほど燃えやすく、火災の危険性が大きくなります。

①**可燃性蒸気**が発生しやすいものほど燃えやすい。

②**発熱量（燃焼熱）**が大きいものほど燃えやすい。

③**熱伝導率**が小さいものほど燃えやすい。

➡熱伝導率が小さい（＝熱が伝わりにくい）と、熱が逃げずに蓄積され、物質の温度が上昇しやすくなるからです。

④**周囲の温度**が高いものほど燃えやすい。

⑤**乾燥度**が高い（含有水分が少ない）ものほど燃えやすい。

⑥**酸化**されやすいものほど燃えやすい。

⑦**表面積**が大きいものほど燃えやすい。

➡空気中の酸素と接触しやすくなるからです。

コレだけ!!

いろいろな燃焼

分解燃焼	紙、木材、石炭、プラスチック		固体
	自己燃焼	ニトロセルロース、セルロイド	
表面燃焼	木炭、コークス　※炎は出ない		
蒸発燃焼	硫黄、ナフタレン		
	ガソリン、灯油、軽油		液体

理解度チェック○×問題

できたら チェック ☑

Key Point		
燃焼の定義	□□ 1	燃焼とは、熱と光の発生を伴う酸化反応のことである。
	□□ 2	可燃物、酸素供給源および点火源の3つのうち、どれか1つでもあれば燃焼は起こる。
	□□ 3	一酸化炭素は不燃物であるが、二酸化炭素は可燃物である。
	□□ 4	酸素は、空気中に約21%（容量）含まれている。
	□□ 5	酸素の供給源は空気だけではない。
	□□ 6	静電気等によって発生する火花と同様、融解熱も点火源となる。
燃焼の種類	□□ 7	ガソリンのように、液面から蒸発した可燃性蒸気が燃焼することを、表面燃焼という。
	□□ 8	木炭やコークスは表面燃焼、木材や石炭は分解燃焼をする。
	□□ 9	木材は、加熱分解によって発生する可燃性蒸気が燃焼する。
	□□10	セルロイドのように、可燃物自体に含有している酸素によって燃焼する場合を蒸発燃焼という。
	□□11	ガソリン、灯油、硫黄の3つはすべて蒸発燃焼をする。
燃焼の難易	□□12	可燃性ガスの発生しやすい物質ほど燃焼しやすい。
	□□13	熱伝導率が小さいほど物質は燃えにくい。
	□□14	酸素との接触面積が大きいほど物質は燃えやすい。
	□□15	可燃物固体を粉状にすると、表面積が小さくなるため燃えにくい。

解答・解説

1.○ 2.× 3つ同時に存在しなければ燃焼しない。 3.× 可燃物と不燃物が逆。 4.○ 5.○ 6.× 融解熱は点火源にならない。 7.× 表面燃焼ではなく蒸発燃焼。 8.○ 9.○ 10.× 蒸発燃焼ではなく自己燃焼。 11.○ 12.○ 13.× 熱が蓄積しやすいので燃えやすい。 14.○ 15.× 表面積が大きくなって燃えやすい。

ここが狙われる！

可燃物の燃焼の定義、および燃焼の難易について確実に理解する。燃焼の種類は、分解燃焼、自己燃焼、表面燃焼、蒸発燃焼などに分類することができ、液体の場合は蒸発燃焼しかないことを覚える。

Lesson 2

燃焼範囲と引火点・発火点

受験対策 ガソリン、灯油、軽油など、主な可燃性蒸気の燃焼範囲を覚えましょう。引火点と発火点の違いや、主な第4類危険物の引火点・発火点も確実に覚えましょう。可燃性液体の場合、引火点と燃焼範囲の下限値は同じ温度になります。

1コマ▷内種劇場・その2

低い温度で可燃性蒸気が発生しやすいものほど危険なんですね。

ガソリンは引火点が-10℃以下なので、常温はもちろん、零下でも引火します。

1 燃焼範囲

　可燃性蒸気は、空気との混合割合（可燃性蒸気の濃度）が一定の範囲内にあるときに、なんらかの点火源（火源）が与えられることによって燃焼します。可燃性蒸気が燃焼することのできる濃度の範囲を燃焼範囲（爆発範囲）といいます。

　燃焼範囲の、濃度が濃い方の限界を上限値（上限界）、薄い方の限界を下限値（下限界）といいます。

重要

燃焼範囲
燃焼範囲の上限値以上では可燃性蒸気の濃度が濃すぎるため燃焼しない。また、下限値以下では濃度が薄すぎるため燃焼しない。

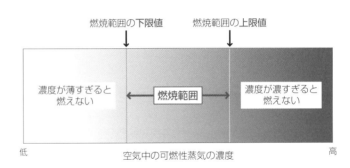

燃焼範囲の下限値　　　　燃焼範囲の上限値

濃度が薄すぎると燃えない　←燃焼範囲→　濃度が濃すぎると燃えない

低　　　　　　空気中の可燃性蒸気の濃度　　　　　　高

可燃性蒸気の濃度は、空気との混合気体の中にその蒸気が何%含まれているかを容量%で表したものです。

$$可燃性蒸気の濃度（vol\%）＝\frac{蒸気の体積（L）}{蒸気の体積（L）＋空気の体積（L）}×100$$

燃焼範囲は、可燃性蒸気ごとに異なっています。

■主な可燃性蒸気の燃焼範囲（爆発範囲）

(単位：vol%)

可燃性蒸気	燃焼範囲（爆発範囲）	
	下限値（下限界）	上限値（上限界）
ガソリン	1.4	7.6
灯油	1.1	6.0
軽油	1.0	6.0

2 引火点

可燃性液体の燃焼とは、液体から発生した可燃性蒸気と空気との混合気体が燃えることです（**蒸発燃焼**）。ところがこの混合気体は、**1**で学んだように可燃性蒸気の濃度が濃すぎても薄すぎても燃えません。

引火点とは、点火したとき混合気体が燃え出すのに十分な濃度の可燃性蒸気が液面上に発生するための最低の**液温**（可燃性液体の温度）をいいます。液温が引火点より低い場合は、燃え出すのに十分な濃度の蒸気がまだ発生していないため引火しません。これに対し、液温が引火点以上になった場合は、**点火源（火源）**があれば引火します。

① 可燃性液体

液温を上げる

② 可燃性蒸気が発生

液温≧引火点

③ 燃え出すのに十分な濃度の蒸気発生＋点火源⇒引火

プラスワン

気体の濃度は、体積（容積）の割合である体積%で表され、単位には「vol%」を用いることが多い。

燃焼範囲の下限値が低いものほど、また、燃焼範囲の幅が広いものほど危険性が高くなります。

たとえば、引火点が20℃の可燃性液体の場合、液温が20℃以上になると、点火源があれば引火して燃え出すんだね。

可燃性蒸気は、燃焼範囲内で空気と混合している場合にのみ燃焼します。したがって引火点とは、液面付近の蒸気の濃度がちょうど**燃焼範囲**の**下限値に達した**ときの液温であるともいえます。また、引火点は物質ごとに異なっており、一般に**引火点が低い物質ほど危険性**が高くなります。

引火点が低い物質は、低い温度でも燃焼に十分な蒸気を生じてしまうので、危険性が高いといえます。

3 発火点

空気中で可燃物を加熱した場合に、点火源を与えなくても、**物質そのものが発火して**燃焼しはじめる**最低の温度**を発火点といいます。引火点の場合は、たとえ引火点に達しても点火源がなければ引火しませんが、発火点の場合は、物質自らが燃え出すので点火源**は必要ありません**。

引火点と発火点を比較すると、次のようになります。

引火点	発火点
可燃性蒸気の濃度が燃焼範囲の下限値を示すときの液温	空気中で加熱された物質が自ら発火するときの最低の温度
点火源 ⇨ 必要	点火源 ⇨ 不要
可燃性の液体（まれに固体）	可燃性の固体、液体、気体

■主な第4類危険物の引火点と発火点

物　質	引火点（℃）	発火点（℃）
ガソリン	−40 以下	約300
灯油	40 以上	220
軽油	45 以上	220
重油	60〜150	250〜380

プラスワン
発火点は、引火点と同様、**低いものほど危険性が高い。**

●**燃焼範囲の意味**

$$可燃性蒸気の濃度（vol\%）＝\frac{蒸気の体積（L）}{蒸気の体積（L）＋空気の体積（L）}×100$$

⬇

この値が燃焼範囲内にあるとき ＋ 点火源 ⇒ 燃焼

●**引火点**（点火源⇒必要）、**発火点**（点火源⇒不要）

理解度チェック○×問題

できたら チェック ☑

Key Point		
燃焼範囲	□□ 1	可燃性蒸気の燃焼範囲とは、空気中で可燃性蒸気が燃焼できる濃度範囲のことをいう。
	□□ 2	燃焼範囲の下限値以下では蒸気の濃度が薄すぎるため燃焼しない。
	□□ 3	燃焼範囲の上限値以上では蒸気の濃度が濃すぎて爆発が起こる。
	□□ 4	燃焼範囲の下限値が低く、燃焼範囲の幅が狭いほど危険性が高い。
	□□ 5	可燃性蒸気の濃度は重量%で表される。
	□□ 6	ガソリンの燃焼範囲は1.4〜7.6vol%なので、ガソリンの蒸気1.4Lと空気98.6Lの混合気体に点火すると燃焼する。
引火点	□□ 7	可燃性液体が空気中において、その液面近くに引火するのに十分な濃度の可燃性蒸気を発生する最低の液温を引火点という。
	□□ 8	引火点とは、可燃性蒸気の濃度が燃焼範囲の下限値を示すときの蒸気の温度である。
	□□ 9	液温が引火点より高くなると、点火源がなくても引火する。
	□□10	引火点45℃の液体の温度が45℃になったとき、その液体の表面には燃焼範囲の下限値の濃度の混合気体が存在する。
発火点	□□11	発火点とは、空気中で可燃物を加熱した場合に、その可燃物自体が発火して燃焼しはじめる最低の温度をいう。
	□□12	発火点220℃の物質が220℃になれば、点火源がなくても燃える。
	□□13	発火点300℃の引火性液体を500℃の鉄板上に滴下すると燃える。
	□□14	引火点も発火点も、それが高い物質ほど危険であるといえる。

解答・解説

1.○　2.○　3.× 爆発も燃焼も起こらない。　4.× 燃焼範囲の幅は広いほど危険性が高い。　5.× 重量%ではなく容量%（もしくはvol%）。　6.○ 1.4÷（1.4+98.6）×100=1.4vol%なので、ちょうど下限値となり、燃焼する。　7.○　8.× 蒸気ではなく液体の温度。　9.× 点火源は必要である。　10.○　11.○　12.○　13.○ 発火点に達するので燃える。　14.× 引火点も発火点も低い方が危険である。

ここが狙われる！

ガソリンの燃焼範囲は1.4〜7.6 vol%であるが、これは、ガソリンと空気の混合気体の容積100の中にガソリンの蒸気が1.4〜7.6含まれていることを意味する。ガソリンの燃焼範囲は覚えておくこと。

Lesson 3

静電気

静電気は必ず出題される重要項目です。第４類危険物の引火性液体は、電気火花や静電気火花なども十分に点火源となります。静電気の発生を少なくする方法や、蓄積させない方法について確実に覚えましょう。

1コマ 内種劇場・その3

ボクも電気が通るから導体なんですね。

電気をよく通す物質を導体といいます。

1 静電気とは

プラスチックの棒を紙でこすると、プラスチックの棒と紙とが互いにくっつき合うようになります。これは、摩擦によってプラスチックの棒または紙の一方が（＋）の電気を帯び、他方が（－）の電気を帯びることで互いに引き合うようになるからです。

このように、物質が電気を帯びることを帯電といい、物質に帯電した電気を静電気といいます。

物質が帯電しただけでは特に危険はありません。しかし静電気が蓄積されてくると条件によっては放電することがあり、火花を発生します。このとき、付近に引火性蒸気や粉じんなどが存在すると、この放電火花（電気火花）が点火源となって爆発や火災を起こすことになります。

■噴出帯電（欄外「重要」③）

プラスワン

プラスチックの棒が塩化ビニル製の場合は、棒が（－）、紙が（＋）に帯電する。

重要

摩擦以外の帯電現象
①**接触帯電**
２つの物質を接触させてから分離する際に帯電する現象。
②**流動帯電**
液体が管内を流れる際に帯電する現象。
③**噴出帯電**
液体がノズルなどから高速で噴出する際に帯電する現象。

2 静電気が発生しやすい条件

　静電気は、物質の摩擦などによって発生しますが、金属や湿った物質を摩擦しても静電気は発生しません。なぜなら、これらは電気を通しやすい（＝導電率が高い）ため、（−）の電気が移動しても帯電せずにすぐ元の状態に戻るからです。これに対して、電気を通しにくい（＝導電率が低い）物質は静電気を発生しやすくなります。

> 電気を通しやすい物質　→　静電気が**発生**しにくい
> 電気を通しにくい物質　→　静電気が**発生**しやすい

　電気を通しやすい物質であっても、**絶縁状態にして静電気の逃げ道をなくした場合には帯電が起こります。人体も**このような場合には静電気が帯電します。

　摩擦以外では、**液体がパイプやホースなどの管内を流れるときにも静電気は発生しやすく（流動帯電）**、この場合は、液体の流速に比例して静電気の発生量が増えます。

3 静電気災害の防止策

　静電気による災害を防ぐためには、静電気の発生を少なくすることや静電気を蓄積しないようにすることが大切です。特にガソリンや灯油などの不良導体は、運搬や給油時に静電気を発生しやすいため、静電気が点火源とならないよう十分注意しなければなりません。

①**摩擦を少なくする**

　物体どうしの接触面積や接触の圧力を減らします。

②**電気を通しやすい材料を使う**

　配管パイプ、給油ホース、容器などに電気を通しやすい（帯電しにくい）材料を使うようにします。

③**流速を遅くする**

　液体がゆっくり流れるよう、配管やホースの内径を大きくしたり、管の途中に停滞区間を設けたりします。

プラスワン

通常、物質の中には（＋）の電気と（−）の電気が同じ数だけ存在するが、物質が摩擦し合うと一方の物質の（−）の電気が他方の物質へと移動する。このため、（−）の電気が増えた方の物質は（−）に帯電し、他方の物質は（−）の電気が減った分だけ（＋）に帯電する。

重要

静電気対策としては静電気を逃がすことが大切。絶縁状態にすることは静電気の**逃げ道を絶つ**ことになるため逆効果。

用語

不良導体
電気等を通しにくい物質のこと。**不導体**という場合もある。

静電気を発生しやすい条件の逆を考えれば、防止策になるんだね。

▶p94

④湿度を高くする

　湿度が上がって空気中の水分が多くなると、静電気はその水分に移動するため、蓄積されにくくなります。

⑤接地（アース）をする

　地面と接続した導線を通って静電気が地中に逃げるので、静電気の蓄積を防ぐことができます。

⑥ゴムなどの絶縁性材料には、帯電防止剤を添加する

⑦合成繊維を避け、木綿の衣服を着用する

　ナイロンやポリエステルなどの合成繊維は、木綿などの天然繊維よりも帯電しやすいので、着用を避けます。

■給油時の静電気災害を防ぐには

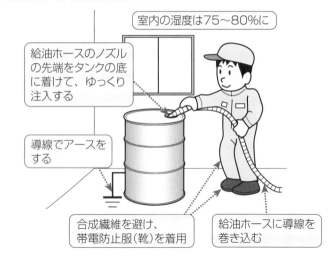

室内の湿度は75～80%に

給油ホースのノズルの先端をタンクの底に着けて、ゆっくり注入する

導線でアースをする

合成繊維を避け、帯電防止服（靴）を着用

給油ホースに導線を巻き込む

コレだけ!!

静電気の蓄積 → 放電火花 → 火災

静電気が発生しやすい条件		発生・蓄積の防止方法
①電気を通しにくい物質（不良導体、絶縁抵抗が大きい）	→	電気を通しやすい材料を使う
②湿度が低い（乾燥している）	→	湿度を高くする
③管内の液体の流速が速い	→	流速を遅くする

理解度チェック○×問題

Key Point	できたら チェック ☑
静電気とは	□□ 1　電気を通しにくい2つの物質を摩擦すると、一方が（＋）、他方が（－）に帯電する。
	□□ 2　静電気が蓄積されてくると、条件によっては放電し、火花を発生することがある。
	□□ 3　放電火花は、エネルギーが小さいので、引火性蒸気や粉じんなどが付近にあっても点火源となることはない。
静電気が発生しやすい条件	□□ 4　電気を通しにくい物質は、静電気を蓄積しにくい。
	□□ 5　静電気は、湿度の高いときに帯電しやすい。
	□□ 6　電気を通しやすい物質であっても、絶縁状態にして静電気の逃げ道をなくした場合には帯電が起こる。
	□□ 7　静電気は、人体には帯電しない。
	□□ 8　液体がホース等の管内を流れるときは、流速が遅いほど、静電気が発生しやすくなる。
静電気災害の防止策	□□ 9　物体どうしの接触面積や接触圧力を減らすことは、静電気による災害を防ぐことにつながる。
	□□10　配管による液体の移送の際には、流速をできるだけ遅くする。
	□□11　絶縁性の床上で絶縁靴を着用して作業を行う。
	□□12　静電気は、機器等が接地（アース）されていると帯電しやすい。
	□□13　ゴムやプラスチックなどの絶縁性材料に、帯電防止剤を添加する。

解答・解説

1.○　2.○　3.× 放電火花は引火性蒸気等の点火源となる。　4.× 電気を通しやすい物質ほど静電気を蓄積しにくい。　5.× 湿度の低いときに帯電しやすい。　6.○　7.× 静電気の逃げ道がない場合には人体にも帯電する。　8.× 流速が速いほど（流速に比例して）静電気の発生量が増える。　9.○　10.○　11.× これでは帯電してしまう。絶縁性の床は帯電防止剤を塗布するなどして導電性（電気を通す性質）を高めるとともに、導電性の靴（帯電防止靴）を着用する。　12.× 機器等を接地（アース）すると静電気が地面に逃げるので、帯電しにくくなる。　13.○

ここが狙われる！

静電気に関する問題はよく出題される。静電気が発生しやすい条件と、静電気災害の防止策についてしっかり理解すること。静電気が発生しやすい条件の逆を考えれば、静電気災害の防止につながる。

Lesson 4

消火理論

受験対策　燃焼の３要素のうち１つでも取り除けば消火できます。消火の方法や消火剤の種類について、それぞれの特徴を整理して覚えましょう。特に、第４類危険物に用いられる消火方法については確実に覚えましょう。

> 1コマ　丙種劇場・その4

> 油の火災に水をかけちゃダメ！

重要

燃焼の４つ目の要素
燃焼は、酸化反応の連鎖が続くことによって継続する。このため、可燃物、酸素供給源、点火源に、**連鎖反応**を加えた４つを**燃焼の４要素**という場合がある。
抑制とは、この反応の連鎖を抑えて燃焼を止める消火方法である。

ゴロゴロ合わせ

消火の４要素
助教授良ぎれ
（除去）（窒息）（冷却）
よっこらせ
（抑制）

1 消火の３要素

　消火とは燃焼を中止させることです。物質が燃焼するためには、可燃物、酸素供給源、点火源の３つが同時に存在しなければなりません。これを**燃焼の３要素**（●p12）といいます。したがって、消火するにはこのうちの１つを取り除けばよいわけです。燃焼の３要素に対応した消火方法を、消火の３要素といいます。

燃焼の３要素		
可燃物	酸素供給源	点火源
↓取り除く	↓断ち切る	↓熱を奪う
除去消火	窒息消火	冷却消火
消火の３要素		

　除去、窒息、冷却の３つの消火方法のほかに、抑制という方法もあります。これを加えて消火の４要素という場合もあります。

2 消火の方法

①除去消火

可燃物を取り除くことによって消火する方法です。

例ガスの元栓を閉め、可燃物であるガスの供給を断つ。ロウソクの火に息を吹きかけ、可燃物であるロウの蒸気を除去。

②窒息消火

酸素供給源を断つことによって消火する方法です。不燃性の泡、二酸化炭素、ハロゲン化物の蒸気、砂や土などの固体で燃焼物を覆い、空気との接触を断ちます。

例容器に残った灯油に火がついたとき、ふたを閉める。燃焼物に砂やふとんをかぶせる。

③冷却消火

点火源から**熱を奪う**ことによって消火する方法です。可燃性液体の液温を引火点以下に下げたり、熱分解によって可燃性ガスを発生する固体の温度を下げたりして、燃焼の継続を遮断します。

例たき火に水をかける。

> ロウソクは、固体のロウが融解して液体となり、それが蒸発することで発生した可燃性蒸気が空気と混合して燃焼します。

プラスワン

一般に、酸素濃度をおおむね14％以下にすると消火できる。●p13

④抑制消火

　燃焼物と酸素と熱の連鎖反応を遮断することで、燃焼を中止させることができます。これを抑制消火といいます。

　例 ガソリンの火災にハロゲン化物を使用（抑制消火であり、窒息消火でもある）。

3 火災の区別

　一般に火災は、普通火災、油火災、電気火災の3種類に区別され、普通火災をA火災、油火災をB火災、電気火災をC火災と呼びます。

①普通火災（A火災）

　木材、紙、繊維等、普通の可燃物による火災です。

②油火災（B火災）

　石油類等の可燃性液体、油脂類等による火災です。

③電気火災（C火災）

　電線、変圧器、モーター等の電気設備による火災です。

4 消火剤の種類

　消火剤は、水・泡系、ガス系、粉末系に大別できます。

　水・泡系の消火剤には、水、強化液、泡の3種類が含まれます。普通火災（A火災）に対しては、水・泡系の消火剤が有効です。ガス系の消火剤には二酸化炭素とハロゲン化物が含まれ、粉末系の消火剤とともに、油火災（B火災）と電気火災（C火災）に対して有効です。

消火剤の種類や消火方法については、表を上手に使って、整理しながら覚えましょう。

消火剤	水・泡系	水
		強化液
		泡
	ガス系	二酸化炭素
		ハロゲン化物
	粉末系	りん酸塩類、炭酸水素塩類

①水・泡系消火剤

水

水は比熱と蒸発熱が**大きい**ので、非常に高い冷却効果を発揮します。しかも水は安価で、いたる所にあることから普通火災の消火剤として最も多く利用されます。また、水による消火には、水が蒸発することで生じる多量の水蒸気が、空気中の酸素と可燃性ガスを薄める希釈作用もあります。

油火災に水消火器（棒状放射）を使用すると炎が拡大して危険！

油火災の場合は燃えている油が水に浮いて**炎が拡大**する危険性が高く、また、電気火災の場合は**感電のおそれ**があるため、水は使えません。ただし、注水方法として棒状放射ではなく霧状放射（噴霧状放射）にすれば、電気火災には適応できます。

電気火災でも霧状放射すれば大丈夫！

強化液

強化液とは、アルカリ金属塩である炭酸カリウムの濃厚な水溶液のことです。冷却効果だけでなく、炭酸カリウムの働きで消火後も再燃防止効果があります。消火剤として主に普通火災に利用されています。

ただし、**油火災**については、霧状放射にすれば炭酸カリウムによる抑制作用が働くため適応可能です。また、**電気火災**についても霧状放射の場合にだけ適応できます。

消火剤	放射方法	普通火災	油火災	電気火災
水	棒状	○	×	×
	霧状	○	×	○
強化液	棒状	○	×	×
	霧状	○	○	○

用語

比熱
物質1gの温度を1℃上げるのに必要な熱量。比熱が大きい物質は温まりにくい。

プラスワン

水が蒸発して水蒸気になると、その体積は約1,700倍になる。

重要

消火剤としての水の長所
- 比熱および蒸発熱が大きいため冷却効果が高い
- どこにでもあり、安価である
- 毒性がない
- 大規模な火災にも使える

用語

棒状放射
ノズルの先から水を棒状に放出すること。
霧状放射
ノズルの先から水を細かい霧状に放出すること。霧状にすることにより電気抵抗が大きくなる。そのため電流が流れにくくなって感電の危険が少なくなる。

プラスワン

泡を溶かすアセトン
やアルコールのよう
な水溶性液体の燃焼
には、特殊な**水溶性
液体用泡**（耐アルコ
ール泡）が使われる。

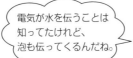

消火剤としての泡には、**化学泡**と**機械泡**の2種類があります。化学泡は、泡の中に炭酸水素ナトリウムと硫酸アルミニウムの化学反応によって生じた二酸化炭素を含んだものです。一方、機械泡は水に安定化剤を溶かし、空気を混合してつくった空気泡です。

どちらの場合も泡が燃焼物を覆うことによる**窒息効果**で消火するため、**普通火災**と**油火災**に適応できます。電気火災については、泡を伝わって感電する危険があるため使用できません。

> 電気が水を伝うことは
> 知ってたけれど、
> 泡も伝ってくるんだね。

②ガス系消火剤

二酸化炭素

二酸化炭素は化学的に安定した**不燃性**の物質です。また空気より重いので、空気中に放出すると、室内または燃焼物周辺の酸素濃度を低下させる**窒息効果**があります。このため、二酸化炭素は**油火災**に適応します。

重要

消火剤としての二酸化炭素の長所・短所
（長所）
- 化学的に安定していて不燃性である
- 電気絶縁性が高い
- 気体なので消火後の汚損が少ない
（短所）
- 人が多量に吸い込むと窒息する

さらに、**電気の不良導体**（電気絶縁性が高い）であることから**電気火災**にも適応することができます。しかし、密閉された**場所**での使用は、酸欠状態になる危険性があるので、十分注意する必要があります。

ハロゲン化物

　ハロゲン化物とは、メタンやエタン等の炭化水素の水素原子を、ふっ素Fや臭素Br等のハロゲン元素と置換したものです。**2**の消火の方法でふれたように、ハロゲン化物には**窒息効果**と**抑制効果**があり、この効果を利用した消火剤としては、一臭化三ふっ化メタン、二臭化四ふっ化エタン等が一般に用いられます。どれも**油火災**に適応することができます。また、**電気の不良導体なので電気火災**にも適応します。

③ 粉末系消火剤

　粉末系の消火剤には、りん酸塩類等を使用するものと、炭酸水素塩類等を使用するものがあります。

りん酸塩類等を使用するもの

　主成分のりん酸アンモニウムに防湿処理をした消火剤であり、放射された薬剤の**抑制効果**と**窒息効果**によって**普通火災**と**油火災**に適応します。また、**電気の不良導体なので電気火災**にも適応できます。つまり、この消火剤はすべての火災に適応できる**万能**の消火剤です。

りん酸アンモニウムを用いた、いわゆるＡＢＣ消火器が、広く一般に利用されているんですよ。

炭酸水素塩類等を使用するもの

　主成分の炭酸水素カリウム、炭酸水素カリウム＋尿素に防湿処理をした消火剤です。普通火災には適応しませんが、薬剤の**抑制効果**と**窒息効果**により**油火災**に適応します。また、**電気の不良導体なので電気火災**にも適応できます。

> **用語**
>
> 置換
> あるものを他のものに置き換えること。

> **用語**
>
> ＡＢＣ消火器
> りん酸アンモニウムを主成分とする消火剤は、普通火災（Ａ火災）、油火災（Ｂ火災）、電気火災（Ｃ火災）のすべてに適応できるため、これを用いた消火器は「ＡＢＣ消火器」と呼ばれる。

ゴロ合わせ

油火災に適応できない消火剤
きょう ぼうな みず
（強化液）（棒状）（水）
も あぶら にゃ弱い
　　（油火災）

ゴロ合わせ

電気火災に適応できない消火剤
でんきにゃ弱い
（電気火災）
あわ てん ぼう
（泡）　　（棒状）

　ここまで学習してきた消火方法や火災の区別、消火剤とをまとめると、次のようになります。この表を見ると、基本的に水・泡系の消火剤は普通火災、ガス系と粉末系の消火剤は油火災と電気火災に適応することがわかります。

消火剤			主な消火方法		適応する火災		
					普通(A)	油(B)	電気(C)
水・泡系	水	棒状	冷却		○	×	×
		霧状	冷却		○	×	○
	強化液	棒状	冷却		○	×	×
		霧状	冷却	抑制	○	○	○
	泡		窒息	冷却	○	○	×
	水溶性液体用泡 （耐アルコール泡）		窒息	冷却	○	○	×
ガス系	二酸化炭素		窒息	冷却	×	○	○
	ハロゲン化物		抑制	窒息	×	○	○
粉末系	りん酸塩類		抑制	窒息	○	○	○
	炭酸水素塩類		抑制	窒息	×	○	○

コレだけ‼

燃焼と消火の4要素

燃焼の4要素			
可燃物	酸素供給源	点火源	酸化の連鎖反応
↓取り除く	↓断ち切る	↓熱を奪う	↓抑える
除去	窒息	冷却	抑制
消火の4要素			

理解度チェック○×問題

Key Point	できたら チェック ☑
消火の方法	□□ 1　燃焼の3要素（可燃物、酸素供給源、点火源）のうち、どれか1つを取り除けば消火が可能である。
	□□ 2　除去消火とは酸素と点火源を同時に取り除いて消火する方法である。
	□□ 3　一般に、空気中の酸素が一定の濃度以下になれば燃焼は停止する。
	□□ 4　元栓を閉めてガスコンロの火を消すのは、窒息消火の例である。
	□□ 5　容器内の灯油が燃えていたのでふたをして消したというのは、窒息消火の例である。
	□□ 6　油の染み込んだ布が燃えていたので乾燥砂で覆って消火したというのは、乾燥砂の抑制効果によるものである。
消火剤の種類	□□ 7　水は比熱や蒸発熱が大きいので、冷却効果が高い。
	□□ 8　強化液は炭酸カリウムの水溶液で、冷却効果や再燃防止効果がある。
	□□ 9　泡消火剤が油火災に有効なのは、泡が油を吸って可燃性蒸気の発生を抑えるからである。
	□□10　二酸化炭素は密閉された場所で放出しても人体に危険がなく、安心して使用できる。
	□□11　りん酸アンモニウムを主成分とする消火粉末は、普通火災や油火災のほか、電気火災にも適応できる。
	□□12　ハロゲン化物の主な消火効果は、冷却効果である。
	□□13　水と棒状放射の強化液は、油火災に適応できない。
	□□14　電気火災に適応しないのは、水または強化液を棒状放射する場合と粉末の消火剤を用いる場合である。

解答・解説

1.○　2.× 酸素と点火源ではなく可燃物を取り除く。　3.○ 14～15%以下。　4.× 窒息消火ではなく除去消火の例。　5.○　6.× 抑制効果ではなく窒息効果。　7.○　8.○　9.× 泡が油面を覆って空気の供給を断つからである。　10.× 多量に吸い込むと窒息する危険がある。　11.○　12.× 冷却効果ではなく抑制効果と窒息効果。　13.○　14.× 粉末ではなく泡。

ここが狙われる！

4つの消火方法（除去消火・窒息消火・冷却消火・抑制消火）をしっかりと区別すること。また、第4類危険物の火災には水による消火が適切でないことを理解しよう。

第1章　章末確認テスト

問題1　次に掲げる物質が燃焼しようとする際、主な燃焼形態が表面燃焼であるものはどれか。
(1)　木材
(2)　ナフタレン
(3)　灯油
(4)　木炭

問題2　燃焼の難易について、次のうち正しいものはどれか。
(1)　周囲の温度が低いほど燃焼しやすい。
(2)　燃焼熱が小さいほど燃焼しやすい。
(3)　酸化されにくいものほど燃焼しやすい。
(4)　細かく砕いたものほど燃焼しやすい。

問題3　引火性液体の燃焼について、次のうち誤っているものはどれか。
(1)　ガソリンや灯油などの引火性液体の表面から発生する可燃性蒸気が、空気と混合して燃焼する。
(2)　可燃性蒸気の濃度が燃焼範囲の下限値を示すときの液温を、引火点という。
(3)　引火性液体の液温が発火点以上になると、酸素が供給されなくても燃えはじめる。
(4)　一般に、引火点が低い物質ほど危険性が高いといえる。

問題4　「ある可燃性液体の引火点が50℃である」ということの説明として、次のうち正しいものはどれか。
(1)　液温が50℃になると、自然発火する。
(2)　気温が50℃になると、点火源がなくても燃えはじめる。
(3)　液温が50℃になると、点火源があれば燃えはじめる。
(4)　気温が50℃になると、液体の内部から蒸気を発生しはじめる。

問題5　静電気について、次のうち誤っているものはどれか。
(1)　静電気が蓄積されると放電を起こすことがあり、放電火花によって可燃性蒸気に引火する危険がある。
(2)　作業する場所の床や靴の電気抵抗が大きいと、静電気の蓄積量は小さくなる。
(3)　静電気の蓄積を少なくするには、接地する方法や、周囲の湿度を上げる方法などがある。

(4) ガソリンの詰替作業の際には、注入速度が速いほど静電気の発生量が大きくなるので、できるだけゆっくり注入するようにする。

問題6　消火について、次のうち正しいものはどれか。

(1) 消火するためには、燃焼の3要素のすべてを取り除かなければならない。

(2) 容器内の灯油が燃えている場合に、容器にふたをして消火するのは、除去消火である。

(3) 二酸化炭素は窒息効果、粉末消火剤は抑制効果や窒息効果によって消火する。

(4) 油火災に対して、水による消火が適切でないのは、水と油が化学反応を起こして爆発する危険性があるからである。

問題7　水による消火について、次のうち誤っているものはどれか。

(1) 水は、燃焼に必要なエネルギーを取り去る冷却効果が大きいので、棒状の水は、石油類等の火災に効果的である。

(2) 水は、燃焼物から多くの熱を奪い、燃焼物の温度を下げる。

(3) 水は、流動性がよく、燃焼物に長く付着しにくいので、木材等の深部が燃えているときの消火には、注意を要する。

(4) 水は、蒸発すると体積が約1,700倍にも増えるため、その多量の水蒸気が空気中の酸素と可燃性ガスを希釈する作用がある。

問題8　次の文の（　　）内に当てはまる語句はどれか。

「ハロゲン化物消火剤を火災に向けて放射すると、燃焼速度が抑制される。これは（　　）によるものである」

(1) 除去効果

(2) 窒息効果

(3) 冷却効果

(4) 抑制（負触媒）効果

解答・解説

問題1　正解　(4)

(1)×木材…分解燃焼（固体が加熱されて分解し、そのとき発生する可燃性蒸気が燃える燃焼）

(2)×ナフタレン…固体の蒸発燃焼（固体が加熱されて蒸発し、その蒸気が燃える燃焼）

(3)×灯油…液体の蒸発燃焼（液面から蒸発した可燃性蒸気が燃える燃焼）

(4)○木炭…表面燃焼（固体の表面だけが赤く燃える燃焼。分解も蒸発もしない）

問題2 正解 (4)

(1)×周囲の温度は高いほど燃焼しやすい。

(2)×燃焼熱は大きいほど燃焼しやすい。

(3)×燃焼は、熱と光を伴う酸化反応なので、酸化されやすいものほど燃焼しやすい。

(4)○細かく砕くことによって、表面積が広くなり、空気と接する面積が増えるために、燃えやすくなる。

問題3 正解 (3)

(3)×発火点以上になると、点火源がなくても燃えはじめるが、酸素の供給は必要。

問題4 正解 (3)

(1)×「液温が50℃になると、自然発火する」のは、引火点ではなくて発火点のことである。

(2)×「気温が50℃になると、点火源がなくても燃えはじめる」。これは、冒頭の「気温」が「液温」であれば、(1)と同じく発火点の説明になる。「可燃性液体」の引火点なので、「気温」ではなく「液温」が問題になる。

(3)○正しい。引火点なので、点火源が必要。点火源が不要なのは発火点である。

(4)×「気温が50℃になると、液体の内部から蒸気を発生しはじめる」。「気温」と「液体の内部から蒸気を発生しはじめる」の部分が誤り。「液体の内部から蒸気を発生」するのは沸騰である。

問題5 正解 (2)

(2)×電気抵抗が大きいと電気が通りにくくなるため、静電気の蓄積量は大きくなる。

問題6 正解 (3)

(1)×燃焼の3要素のうち、どれか1つを取り除くだけでよい。

(2)×可燃物（灯油）を除去しているのではなく、酸素を断ち切っているので窒息消火。

(4)×油が水に浮いて炎が拡大してしまうからである。化学反応を起こすのではない。

問題7 正解 (1)

(1)×前半の記述は正しいが、石油類等の火災（油火災）に棒状の水を放射すると、炎が拡大してかえって危険なので、「効果的」というのは誤りである。

(2)○水は、蒸発するときに周囲の熱を大量に吸収する（＝蒸発熱が大きい）。

(3)○水は、その流動性のため、燃焼物の表面上を流れてしまい、燃えている深部まで届かない場合がある。

(4)○水の蒸発によって発生した多量の水蒸気が、空気中の酸素と可燃性ガスを薄める作用（希釈作用）がある。

問題8 正解 (4)

(4)○ハロゲン化物消火剤には、窒息効果と抑制効果がある。抑制効果とは、燃焼物と酸素と熱の連鎖反応を遮断することで燃焼を中止させる効果である。

第2章

危険物の性質と
その火災予防
および消火

第2章ではガソリンや灯油などの具体的な危険物について、その性質や火災予防の方法および消火方法を学習していきます。

第1章で学んだ基礎的な燃焼や消火の理論の応用となります。該当するページをその都度(つど)参照しながら学習を進めましょう。

第4類危険物

Lesson 1

第4類危険物はすべて引火性の液体です。発生する蒸気は可燃性蒸気で、空気との混合で引火・爆発する危険があります。第4類危険物に共通する特性や火災予防の方法、消火の方法などは非常に大切です。確実に覚えておきましょう。

1コマ 丙種劇場・その5

1 第4類危険物の分類

第4類危険物は引火性液体です。したがって、第4類に含まれている物品はすべて常温（20℃）で液体であり、固体のものはありません。また、いずれも可燃性蒸気を発生して空気との混合気体をつくり、点火源を与えると引火する危険があります。

第4類危険物は、基本的に引火点の違いによって次の7つの品名に分類されています。

品　名	引火点	代表的な物品名
特殊引火物	−20℃以下	ジエチルエーテル
第1石油類	21℃未満	ガソリン
アルコール類	11〜23℃程度	エタノール
第2石油類	21〜70℃未満	灯油、軽油
第3石油類	70〜200℃未満	重油、グリセリン
第4石油類	200〜250℃未満	ギヤー油
動植物油類	250℃未満	アマニ油

プラスワン

物質がほかから点火源を与えられることによって燃え出すことを引火という。一方、発火とはほかから点火源を与えられることなく自発的に燃え出すことをいう。

それぞれの石油類と動植物油類の代表的な物品名と引火点は必ず覚えよう！

その他
1割
9割
第4類危険物

危険物は第1類から
第6類までありますが、
数の上でも内容でも
第4類が最も重要です。

ゴロ合わせ
第4類危険物の第1～
第4石油類の引火点
　古い（21）
　納豆（70）
　匂う（200）
　ふところ（250）
第1　21℃未満
第2　21～70℃未満
第3　70～200℃未満
第4　200～250℃未満
▶p52

①特殊引火物

　ジエチルエーテルや二硫化炭素など、1気圧において、発火点が100℃以下のもの、または引火点が－20℃以下で沸点が40℃以下のものをいいます。

②第1石油類

　アセトンやガソリンなど、1気圧において引火点が21℃未満のものをいいます。

③アルコール類

　1分子を構成する炭素原子Cの数が1個から3個までの飽和1価アルコールをいいます。

④第2石油類

　灯油や軽油など、1気圧において引火点が21℃以上70℃未満のものをいいます。

⑤第3石油類

　重油やクレオソート油など、1気圧において引火点が70℃以上200℃未満のものをいいます。

⑥第4石油類

　ギヤー油やシリンダー油など、1気圧において引火点が200℃以上250℃未満のものをいいます。

⑦動植物油類

　動物の脂肉等または植物の種子や果肉から抽出した油であって、1気圧において引火点が250℃未満のものをいいます。

用語

類、品名、物品名
第1類から第6類までの危険物が、さらにいくつかの品名に区分され、その品名に含まれるのが物品名である。たとえば第4類危険物では、第2石油類が品名であり、それに含まれる灯油や軽油が物品名である。

第4類危険物は、
全部で7つです。
石油類4つ＋特殊
＋アルコール＋動
植物です。

2 第4類危険物に共通する特性

①引火しやすい

　第4類危険物はすべて引火性の液体であり、常温（20℃）または加熱することで可燃性蒸気が発生し、火気等によって引火する危険があります。

　第4類には引火点が常温より低いものがあります。これらは加熱しなくても常温で引火する危険があります。

②水に溶けず、水に浮くものが多い

　第4類危険物には水に溶けない性質（非水溶性）のものが多く、比重（液比重）も1より小さいものがほとんどです。このような、非水溶性で比重が1より小さいものは水に浮きます。このため、流出すると水の表面に薄く広がり、火災になると燃焼面積が拡大していく危険があります。

③蒸気が空気より重い

　第4類危険物は引火性の液体で、液面からは可燃性の蒸気が発生します。この可燃性蒸気の蒸気比重は1より大きいため空気より重く、低所に滞留します。

　滞留した蒸気が空気と混合し燃焼範囲に達すると、引火して爆発する危険性があります。

　特に床にくぼみや溝などがある場合は、そこに可燃性蒸気が溜まりやすく危険です。

燃焼範囲の幅が同じであれば、下限値が低いものほど危険性が大きくなります。

重要

引火の危険性
常温では引火しないものでも、霧状にしたり、布などに染み込ませたりすると、空気との接触面積が大きくなって引火の危険性が増大する。

用語

比重（液比重）
物質の質量が、同じ体積の水の質量の何倍であるかを示す値（単位なし）。比重が1より大きいと水に沈み、1より小さいと水に浮く。

蒸気比重
その蒸気の質量が、それと同体積の空気の質量の何倍であるかを示した値（単位なし）。

■主な第4類危険物の性状

品名	物品名	水溶性	引火点 ℃	発火点 ℃	比重
特殊引火物	ジエチルエーテル	△	-20℃以下	-45	160	0.7
特殊引火物	二硫化炭素	×	-20℃以下	-30以下	90	1.3
特殊引火物	アセトアルデヒド	○	-20℃以下	-39	175	0.8
特殊引火物	酸化プロピレン	○	-20℃以下	-37	449	0.8
第1石油類	ガソリン	×	21℃未満	-40以下	300	0.65~0.75
第1石油類	酢酸エチル	△	21℃未満	-4	426	0.9
第1石油類	アセトン	○	21℃未満	-20	465	0.8
第1石油類	ピリジン	○	21℃未満	20	482	0.98
アルコール類	メタノール	○	11~23℃程度	11	464	0.8
アルコール類	エタノール	○	11~23℃程度	13	363	0.8
アルコール類	2-プロパノール	○	11~23℃程度	12	399	0.79
第2石油類	灯油	×	21~70℃未満	40以上	220	0.8
第2石油類	軽油	×	21~70℃未満	45以上	220	0.85
第2石油類	（オルト）キシレン	×	21~70℃未満	33	463	0.88
第2石油類	酢酸	○	21~70℃未満	39	463	1.05
第3石油類	重油	×	70~200℃未満	60~150	250~380	0.9~1.0
第3石油類	グリセリン	○	70~200℃未満	199	370	1.3
第3石油類	クレオソート油	×	70~200℃未満	73.9	336.1	1.0以上
第3石油類	ニトロベンゼン	×	70~200℃未満	88	482	1.2
第4石油類	ギヤー油	×	200~250℃未満	220	—	0.90
第4石油類	シリンダー油	×	200~250℃未満	250	—	0.95
第4石油類	モーター油	×	200~250℃未満	230	—	0.82
第4石油類	タービン油	×	200~250℃未満	230	—	0.88
動植物油類	アマニ油	×	250℃未満	222	343	0.93
動植物油類	ヤシ油	×	250℃未満	234	—	0.91

＊水溶性○、非水溶性×、わずかに溶ける△
＊数値に幅がある場合は最小値を記し、「約~」「~程度」などは省略した
＊ギヤー油とシリンダー油は、引火点が200℃未満または250℃以上のものも
　第4石油類に区分される

プラスワン

第4類危険物は、基本的に左の表の上のものほど引火点が低い。

重要

丙種危険物取扱者が取り扱える危険物

- ガソリン
- 灯油、軽油
- 第3石油類のうち重油、潤滑油および引火点が130℃以上のもの
- 第4石油類
- 動植物油類

表の物品名が赤色のものが丙種危険物取扱者が取り扱える危険物です。

第2章　危険物の性質とその火災予防および消火

④静電気が生じやすい

　静電気は、液体が配管やホース内を流動するような場合にも発生しやすいことは第1章で学習しました。第4類危険物は液体なので流動等によって静電気を発生しやすい特性をもっています。また水溶性のものを除き、電気の不良導体が多いため、発生した静電気が蓄積されやすくなります。静電気が蓄積されると放電して火花を発生する場合があります。この放電火花が点火源となって、可燃性蒸気が爆発したり、火災が起きたりする危険があります。

放電火花が発生してドカン！

液体の流動によって静電気が発生

3 第4類危険物に共通する火災予防方法

　ここでは2で学習した第4類危険物の特性を踏まえて、具体的な火災予防の方法を理解していきましょう。

①引火しやすい

- 火気や火花を近づけない
- 加熱を避ける
  - ➡引火点が多少高いものでも液温が上昇すれば引火の危険が生じる
- 密栓をし、冷暗所に貯蔵する
  - ➡容器が開いているとそこから可燃性蒸気が漏れ出す

火気厳禁

- 空間容積を確保する
  - ➡温度が上昇して容器内の液体が熱膨張（ねつぼうちょう）を起こしても容器が破損しないようにするため、容器に注入するときは、若干（じゃっかん）の空きをつくる

② **蒸気が空気より重い**

- 低所の換気や通風を十分に行う
  - ➡空気より重い可燃性蒸気は、下方に溜（た）まるので、低所の換気や通風を十分行う必要がある
- 可燃性蒸気は**屋外の高所**に排出する
  - ➡高所から屋外の地上に降下してくる間に拡散させて濃度を薄める

③ **静電気が生じやすい**

- 流速を遅くする
  - ➡液体の流動によって生じる静電気の量は、液体の流速に比例して増える。タンクや容器に注入するときには、流速を遅くする
- 導電性材料を使用する
  - ➡導電性の高い物質は静電気が発生しにくい。容器、タンク、配管、ノズル等には、導電性材料を使う
- 湿度を上げる
  - ➡空気中の水分を多くすると、静電気がその水分に移動して蓄積されにくくなるため、水をまくなどして周囲の湿度を上げる

重要

空缶にも注意
空缶であっても内部には**可燃性の蒸気**が残っている可能性があり、これが空気と混合し引火する危険性があるため、空缶の取扱いにも十分注意する必要がある。

重要

ガソリンの携行缶（けいこう）
金属製のものしか使えない。灯油用ポリ容器にガソリンを入れることは、禁止されている。

合成繊維（せんい）は絶縁性があり静電気を帯（たい）電（でん）しやすいものが多いので、作業衣には絶縁性が低い木綿（もめん）のものや静電気帯電防止作業服を着用しましょう。

第2章　危険物の性質とその火災予防および消火

静電気災害の防止
p21

- 接地（アース）を施す
  ➡ 静電気が発生するおそれのある場所に接地（アース）を施して、静電気を地面に逃がす

4 第4類危険物に共通する消火方法

第4類危険物の火災は可燃性の蒸気による火災のため、可燃物の除去や冷却による消火は困難です。窒息消火または抑制消火が効果的で、消火剤としては次のものが適切です。

適切な消火剤	消火方法（効果）	油火災への適応
強化液（霧状放射）	抑制 —	○
泡消火剤	— 窒息	○
二酸化炭素	— 窒息	○
ハロゲン化物	抑制 窒息	○
粉末消火剤	抑制 窒息	○

ただし、次のような場合には特別な注意が必要です。

①**水に溶けず（非水溶性）、水に浮く危険物の場合**

このような危険物に注水すると、燃えている危険物が水に浮いて広がり、火災範囲が拡大してしまうため、水による消火や強化液の棒状放射は避ける

②**水に溶ける（水溶性）危険物の場合**

このような危険物に泡消火剤を使うときは、水溶性液体用泡消火剤（耐アルコール泡ともいう）を用いる

> アルコール類などの水溶性の危険物に普通の泡を用いると、泡の水膜が溶かされ、泡が消滅して窒息効果が得られなくなるので、注意する必要があります。

コレだけ‼

第4類危険物に共通する特性

引火しやすい	➡	火気厳禁、密栓して冷暗所に貯蔵
水に溶けず、水に浮くものが多い	➡	水と棒状強化液は消火に使えない
蒸気が空気より重い	➡	低所を換気し、蒸気は屋外の高所に排出
静電気が生じやすい	➡	接地（アース）して、流速は遅く

理解度チェック○×問題

Key Point	できたら チェック ☑
第4類危険物に共通する特性	□□ 1　第4類危険物は常温または加熱することによって可燃性蒸気を発生し、火気等により引火する危険性がある。
	□□ 2　第4類危険物は、液体としての比重が1より大きいものが多い。
	□□ 3　第4類危険物は蒸気比重が1より大きく、蒸気は低所に滞留する。
	□□ 4　第4類危険物は一般に電気の不良導体であり、静電気が蓄積しやすい。
	□□ 5　第4類危険物のほとんどのものは発火点が100℃以下である。
第4類危険物に共通する火災予防方法	□□ 6　第4類危険物を取り扱う場所では、みだりに火気を使用しない。
	□□ 7　発生する可燃性蒸気の滞留を防ぐために、容器は密栓しない。
	□□ 8　可燃性蒸気が外部に漏れると危険なので、室内の換気は行わない。
	□□ 9　可燃性蒸気は低所よりも高所に滞留するので、高所の換気を十分に行う。
	□□10　ガソリンを容器に注入するホースには接地導線のあるものを使う。
	□□11　取扱作業に従事する者は、絶縁性のある合成繊維の作業衣を着る。
第4類危険物に共通する消火方法	□□12　第4類危険物の消火には、空気の供給を遮断したり燃焼反応を抑制したりする消火剤が効果的である。
	□□13　第4類危険物の消火剤として、棒状に放射する強化液は効果的である。
	□□14　ガソリン火災の消火方法として、二酸化炭素や粉末消火剤の使用は効果的である。
	□□15　灯油火災の消火方法として、水による消火は効果的である。

解答・解説

1.○　2.× ほとんどのものは比重が1より小さい。　3.○　4.○　5.× ほとんどが発火点200℃以上。　6.○
7.× 容器は密栓する。　8.× 蒸気を屋外の高所に排出する。　9.× 低所に滞留するので低所を換気。　10.○
11.× 絶縁性の少ない木綿の作業衣を着る。　12.○　13.× 棒状ではなく霧状ならば効果的。　14.○　15.×
灯油は非水溶性かつ水に浮くので、水による消火は避ける。

ここが狙われる！

第4類危険物の共通特性として引火性の液体であること、空気より重いため可燃性蒸気が低所に滞留しやすいこと、電気の不良導体であることなどがよく出題される。また、これらの性状を理解することにより、第4類危険物の火災予防方法や消火方法が導き出せる。

丙種が取り扱える危険物

ガソリンや灯油など、丙種危険物取扱者が取り扱える危険物について、それぞれの性質や危険性、保管方法、火災予防および消火方法を学習します。これまでに学んできたことの応用編ともいえるので、確実に理解しましょう。

1コマ 丙種劇場・その6

ガソリンの発火点は約300℃、引火点は、シジュウマイナス以下です。

-40℃以下

始終自動車を使う生活は楽で◎、でもエコ的にはメイナスでイカン…。

ブォーンブォーン

1234

ゴロ合わせ

丙種危険物取扱者が取り扱えるもの

ヘイ ガス灯
(丙種 ガソリン 灯油)

軽くて 重くて
(軽油 重油)

滑って 130℃
(潤滑油 引火点130℃以上)

第4 動植物は全部
(第4石油類、動植物油類は全部)

用語

潤滑油
2つの物体が接触しながら運動するときに発生する摩擦熱や磨耗を低減するために用いる油。

---

1 丙種が取り扱える危険物

丙種危険物取扱者が取り扱える危険物は、第4類危険物のうち、以下に掲げるものです。

- 第1石油類…ガソリンのみ
- 第2石油類…灯油、軽油のみ
- 第3石油類…重油、潤滑油、引火点130℃以上のもの
- 第4石油類…すべて
- 動植物油類…すべて

第4類危険物のうち、特殊引火物およびアルコール類は取り扱うことができません。また、第1・第2・第3石油類については上記以外のものを取り扱うことができません。

第3石油類は、引火点が70℃以上200℃未満とされていますが（ p37）、重油と潤滑油以外は引火点130℃以上のもの（グリセリンなど）のみ取り扱うことができます。

なお、潤滑油は第4石油類にも多く含まれています。

2 ガソリン（自動車ガソリン）

ガソリンは用途によって、自動車用、工業用、航空機用に分けられます。**自動車ガソリン**は、灯油や軽油と簡単に識別できるようオレンジ色に着色されています。性質等をまとめると以下の通りです。

第2章　危険物の性質とその火災予防および消火

性質	形状	無色透明の液体（**オレンジ色に着色**）
	臭気	特有の臭気
	比重	0.65〜0.75　水より軽い
	沸点	40〜220℃　沸点が低く、揮発しやすい
	引火点	**−40℃以下**　極めて低く、冬期でも引火する
	発火点	約300℃　灯油や軽油よりも高い
	燃焼範囲	1.4〜7.6vol%　下限値は低いが、範囲は狭い
	蒸気比重	3〜4　空気よりかなり重く、低所に滞留する
	溶解	水に溶けず、アルコール類にも溶けない
危険性	①非常に**引火しやすい**	
	②電気の**不良導体**なので、流動などによって**静電気**が発生しやすい	
	③**蒸気**を過度に吸入すると、頭痛、目まい、吐き気などを起こすことがある	
保管と消火	①火気、火花を近づけない	
	②静電気の蓄積を防ぐ	
	③容器を密栓して冷暗所に保管し、**通風**、**換気**をよくする	
	④川や下水溝などに流出させないようにする	
	⑤消火方法 **窒息消火**（泡、二酸化炭素、ハロゲン化物、粉末消火剤）	

重要

ガソリンは混合物
ガソリンは炭化水素化合物を主成分とする**混合物**で、微量の有機硫黄化合物などを不純物として含んでいることもある。

ガソリンの引火点、発火点、燃焼範囲は、必ず覚えよう。発火点は意外と高いけど、そうでないと危なすぎるよね。

必ずしも引火点より低い温度で保管する必要はありません。

3 灯油と軽油

①灯油

灯油は、原油を精製する過程で得られるケロシンという成分からできる石油製品です。ストーブの燃料（「白灯油_{はくとうゆ}」と呼ぶ）や**溶剤**などに使用されています。

性質	形状	無色（またはやや黄色）の液体
	臭気	特有の臭気（石油臭）
	比重	0.8程度　水より軽い
	引火点	40℃以上　常温より高い
	発火点	220℃
	蒸気比重	4.5　空気よりかなり重い
	溶解	水やアルコールに溶けず、油脂を溶かす
危険性	①霧状にしたり、布に染み込ませたりすると、引火する危険性が高くなる	
	②電気の不良導体なので静電気が発生・蓄積しやすい	
	③ガソリンが混合すると引火しやすくなる	
保管と消火	①火気を避け、冷暗所に保管。換気、通風をよくする	
	②消火方法　窒息消火（泡、二酸化炭素、ハロゲン化物、粉末消火剤）	

②軽油

軽油は、ディーゼル機関の燃料として使用されるので、一般に「ディーゼル油」とも呼ばれています。

性質	形状	淡黄色_{たんおうしょく}または淡褐色_{たんかっしょく}の液体
	臭気	特有の臭気（石油臭）
	比重	0.85程度　水より軽い
	引火点	45℃以上　常温より高い
	発火点	220℃
	蒸気比重	4.5　空気よりかなり重い
	溶解	水やアルコールに溶けず、油脂を溶かす

＊危険性および保管と消火の方法は、灯油と同じ

③ガソリン、灯油および軽油の危険性

　ガソリン、灯油および軽油は、いずれも原油から分留された石油製品であり、化学的には混合物です。物質はまず純粋な物質（純物質）と混合物とに大別され、純物質にはそれぞれに決まった密度、融点、沸点があります。これに対し、混合物は2種類以上の純物質が混合してできたものであり、その混合の割合により沸点等の値が変わります。つまり、混合物は沸点等に定まった値がありません。

■ガソリン・灯油・軽油の性状の比較

物品名	水溶性	引火点 ℃	発火点 ℃	沸点 ℃	燃焼範囲 vol%
ガソリン	×	−40以下	300	40〜220	1.4〜7.6
灯油	×	40以上	220	145〜270	1.1〜6.0
軽油	×	45以上	220	170〜370	1.0〜6.0

　灯油と軽油は、引火点が常温（20℃）よりも高いので、通常は常温では引火しませんが、霧状にしたり、布などに染み込ませたりすると、引火点より低い温度でも引火する危険性が高くなります。加熱等により液温が引火点以上となった場合は、引火の危険はガソリンとほぼ同様です。

　また、灯油や軽油をガソリンと混合すると引火しやすくなります。このため、灯油とガソリンが混合してしまった燃料を、灯油ストーブなどに使用してはいけません。

　ガソリンが入っていた空の容器に灯油を入れる際にも、次の①→②→③を経て爆発が起こる危険性があります。
①ガソリンが入っていた容器には、ガソリンの蒸気が充満しており、それを除去しないまま灯油を入れると、蒸気の一部が灯油に吸収され、蒸気濃度が燃焼範囲内にまで下がる
②灯油を流入する際に静電気が発生し、放電火花が生じる
③燃焼範囲内のガソリン蒸気に引火して爆発する

　したがって、このような場合は、まずガソリンの蒸気を完全に除去してから灯油を入れなければなりません。

プラスワン

純物質には、**単体**と**化合物**がある。
〔単体の例〕
炭素、酸素、水素、鉄、ナトリウムなど
〔化合物の例〕
水、二酸化炭素、エタノール、食塩など

石油製品のほかにも、食塩水は食塩と水との混合物、空気は酸素や二酸化炭素等の混合物です。

プラスワン

引火性液体を霧状にすると、蒸発しやすくなり、可燃性蒸気になりやすい。また粒子になって表面積が増大し、空気中の酸素との接触面積が大きくなるため燃えやすくなる。

4 第3石油類

①重油

重油は、原油を蒸留する過程でガソリンや灯油、軽油等を取り出した後に残る石油製品で、ボイラーの燃料などに利用されています。炭化水素を主成分とする混合物であり、若干の硫黄を含んでいます。

性質	形状	褐色または暗褐色の粘性のある液体
	臭気	特異な臭気
	比重	0.9～1.0　水よりやや軽い
	沸点	300℃以上
	引火点	60～150℃　常温よりかなり高い
	発火点	250～380℃
	溶解	水にも熱湯にも溶けない
危険性	①燃え出すと発熱量が大きいため、消火が困難となる	
	②不純物として含まれる硫黄は、燃えると有毒な亜硫酸ガス（二酸化硫黄）になる	
	③霧状にすると、引火点以下でも引火の危険がある	
保管と消火	①火気を避け、冷暗所に貯蔵する	
	②消火方法　窒息消火（泡、二酸化炭素、ハロゲン化物、粉末消火剤）	

②グリセリン

グリセリンは、第3石油類で引火点130℃以上なので、丙種でも取り扱えます。水溶性であることが特徴です。

性質	形状	甘味のある無色の液体
	比重	1.3　水よりやや重い
	引火点	199℃
	発火点	370℃
	蒸気比重	3.1　空気より重い
	溶解	水やエタノールに溶ける

用語

蒸留
沸点の異なる物質の混合物（原油など）を、その沸点の差を利用して、いくつかの物質（ガソリンや灯油など）に分けること。

重要

重油は3種類
日本産業規格（JIS）では、重油を粘りの少ない順に、
1種（A重油）
2種（B重油）
3種（C重油）
の3種類に分類し、引火点を、
1種　60℃以上
2種　60℃以上
3種　70℃以上
と規定している。
「引火点70℃以上」でないものも含まれるが、重油であれば第3石油類に指定される。

グリセリンは、爆薬であるニトログリセリンの原料として用いられます。

5 第4石油類

①第4石油類に含まれる危険物

　第4石油類は、引火点200℃以上250℃未満の危険物で、ギヤー油やシリンダー油などの潤滑油(じゅんかつゆ)のほか、可塑剤(かそざい)など多くの種類が含まれています。

■第4石油類に含まれる潤滑油・可塑剤

```
潤滑油 ── 自動車用潤滑油
              モーター油（エンジンオイル）
              ギヤー油　など
       ── 一般機械用潤滑油
              マシン油
              シリンダー油
              タービン油　など
       ── 切削油(せっさく)

可塑剤 ── フタル酸エステル（フタル酸ジオクチルなど）
       ── りん酸エステル（りん酸トリクレジルなど）
```

プラスワン
グリースは常温では固形状なので、消防法上の「危険物」に含まれない。

　潤滑油は、炭化水素の複雑な混合物であり、製造面からは石油系潤滑油、合成潤滑油、脂肪油などに大別できます。絶縁や錆止め(さび)に用いられるものもあります。

　可塑剤というのは、プラスチックや合成ゴム等に柔軟性を与えたり成型加工したりするのに用いられる物質です。

②第4石油類の性状

　潤滑油の揮発性(きはつ)や引火点、比重などの性状は、その用途や使用条件により異なります。

■主な第4石油類の引火点と比重

物品名	引火点 ℃	比重
モーター油	230	0.82
ギヤー油	220	0.90
シリンダー油	250	0.95
フタル酸ジオクチル	206	0.99
りん酸トリクレジル	225	1.16

数値はおおよそのものであり、製造会社や製品によって異なります。

第4石油類は引火点が高いため、加熱したり、霧状にしたりしない限り引火する危険性はありませんが、いったん火災になると、重油と同様、液温が非常に高くなって消火が困難となります。

■第4石油類に共通する性状

性質	形状	粘性のある液体
	比重	一般に水より軽い（重いものもある）
	引火点	200℃以上で非常に高い
	揮発性	常温（20℃）では揮発しにくい
	溶解	水に溶けない
危険性		①発熱量が大きいため、燃え出すと第4石油類自体の液温が高くなり、消火が困難となる
		②霧状にした場合は、引火点より低い液温であっても引火する危険がある
保管と消火		①火気を避け、冷暗所に保管
		②消火方法 窒息消火（泡、二酸化炭素、ハロゲン化物、粉末消火剤）

プラスワン

火災で液温が高くなっている油に水が加わると、水が沸騰して油類を飛散させる危険性がある。

6 動植物油類

動植物油類とは、動物の脂肉等または植物の種子や果肉から抽出される油で、1気圧において引火点250℃未満のものをいいます。動植物油のような脂肪油には、空気中の酸素と結びついて樹脂状に固まりやすい性質があり、これを油脂の固化といいます。空気中で固化しやすい脂肪油を乾性油、固化しにくい脂肪油を不乾性油といいます。

プラスワン

アマニ油
● 乾性油
● 亜麻の種子から採取される
● 絵の具、ペンキ等に用いる
● 比重　0.93

ヤシ油
● 不乾性油
● ココヤシの種子から採取される
● 洗剤、食用油等に用いる
● 比重　0.91

	乾性油	半乾性油	不乾性油
例	アマニ油	ナタネ油	ヤシ油、オリーブ油
特徴	固化しやすい 不飽和脂肪酸が多い	乾性油と不乾性油の中間の性質	固化しにくい 不飽和脂肪酸が少ない

脂肪油などの油脂には、成分として脂肪酸が含まれています。このうち、不飽和脂肪酸を多く含むものは化学反応

が起こりやすく、空気中の酸素と結びつく反応（酸化）が進みます。このとき発生する反応熱（酸化熱）が蓄積され、やがて発火点に達すると自然発火が起こります。つまり、不飽和脂肪酸を多く含む脂肪油（乾性油）ほど酸化が起こりやすく固化しやすいと同時に、自然発火の危険性が高いということです。

　動植物油類に共通する性状は次の通りです。

性質	形状	淡黄色の液体（純粋なものは無色透明）
	比重	0.9程度で水より軽い
	引火点	一般に200℃以上で非常に高い
	溶解	水に溶けない
	成分	不飽和脂肪酸を含む
危険性	①乾性油を布などに染み込ませ、熱が蓄積されやすい状態で放置すると、自然発火する危険性が高い	
	②いったん燃え出すと液温が高くなり、重油と同様、消火が困難となる	
保管と消火	①火気を避け、冷暗所に保管。換気、通風をよくする	
	②消火方法　窒息消火（泡、二酸化炭素、ハロゲン化物、粉末消火剤）	

〈自然発火について〉

　常温において、物質が空気中で自然に発熱し、その熱が長期間蓄積されて発火点に達し、ついには燃焼するという現象を自然発火といいます。発熱の原因としては、酸化熱や分解熱、微生物による発熱などが考えられます。

　自然発火を予防するには、熱の蓄積（蓄熱）を防ぐことが大切です。たとえば、粉末状のものや薄いシート状のものを積み重ねると蓄熱しやすいため、このような貯蔵方法は避けるようにします。また、換気を十分に行い、通風によって冷却すると効果的です。

プラスワン

動植物油類が燃焼しているときは、液温が水の沸点より高くなるため、水が接触すると瞬間的に沸騰し、油が飛散する。

乾性油は酸化しやすく、ぼろ布などに染み込ませたものをポリバケツの中などに放置すると酸化熱が蓄積して自然発火の危険性が高まります。

第4類危険物の第1〜
第4石油類の引火点
●p37

　右の図は、第4類危険物の引火点の違いをわかりやすく示したものです。丙種危険物取扱者が取り扱える危険物の引火点を、この図で確認しておきましょう。

　なお、石油製品の中には同じ物品でも用途等によって引火点の異なるものがあります。たとえば潤滑油のうち、引火点が200℃以上250℃未満のものは第4石油類に区分されますが、引火点70℃以上200℃未満のものは第3石油類に区分されています。

　引火点250℃以上のものは、消防法の規制対象外となります。引火点が250℃以上になると、着火の危険が少ないだけでなく、延焼の危険性も低いからです。

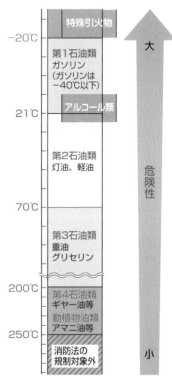

コレだけ!!

ガソリン・灯油・軽油・重油の比較

	液体の色	引火点	比重	蒸気比重
ガソリン	オレンジ着色	−40℃以下	0.65〜0.75	3〜4
灯　油	無色またはやや黄色	40℃以上	0.8程度	4.5
軽　油	淡黄色または淡褐色	45℃以上	0.85程度	4.5
重　油	褐色または暗褐色	60〜150℃	0.9〜1.0	−

理解度チェック○×問題

Key Point		できたら チェック ☑
ガソリン（自動車ガソリン）	□□ 1	ガソリンは揮発性が高く、その蒸気は空気より重い。
	□□ 2	ガソリンは電気の良導体であり、静電気が蓄積されにくい。
	□□ 3	ガソリンの燃焼範囲は、おおよそ1.4～7.6vol%である。
灯油と軽油	□□ 4	灯油と軽油は引火点以上に液温が上がると、ガソリンと同様の引火の危険がある。
	□□ 5	灯油は無色またはやや黄色の液体だが、軽油は淡青色をしている。
	□□ 6	灯油と軽油は、霧状にすると、常温でも引火の危険性がある。
第3石油類	□□ 7	重油は、褐色または暗褐色の粘性のある液体である。
	□□ 8	重油は液比重が1より大きく、水より重い。
	□□ 9	重油とグリセリンは、どちらも非水溶性である。
第4石油類	□□10	第4石油類は、粘度の高い液体である。
	□□11	第4石油類は、加熱しなくても引火の危険性が高い。
動植物油類	□□12	動植物油類の引火点は、ほとんどが100～150℃程度である。
	□□13	乾性油をぼろ布に染み込ませて積み重ねておくと、自然発火することがある。
	□□14	不乾性油の方が、乾性油よりも自然発火しやすい。
第4類危険物の引火点	□□15	自動車ガソリン→灯油→重油→シリンダー油は、引火点の低いものから高いものへと並べた順序として正しい。

解答・解説

1.○ 2.× 電気の不良導体であり、静電気を蓄積しやすい。 3.○ 4.○ 5.× 軽油は淡青色ではなく淡黄色または淡褐色。 6.○ 7.○ 8.× 重油の液比重は0.9～1.0で水よりやや軽い。 9.× 重油は非水溶性であるが、グリセリンは水溶性である。 10.○ 11.× 加熱したり、霧状にしたりしない限り引火の危険性は低い。 12.× 一般に200℃以上である。 13.○ 14.× 乾性油の方が自然発火しやすい。 15.○

ここが狙われる！

ガソリン、灯油などの危険物ごとにその性状や危険性、取扱上の注意事項などが出題されるほか、「ガソリンと灯油に共通する性状（または貯蔵・取扱方法）」や「油類について」などとして総合的な知識が問われることもある。カードなどを利用して知識を整理しておこう。

第2章　章末確認テスト

問題1　ガソリンについて、次のうち誤っているものはどれか。

⑴　ガソリンは揮発しやすく、極めて引火しやすい。

⑵　ガソリンの蒸気は低所に滞留しやすく、低く遠く流れることがある。

⑶　ガソリンの蒸気を吸入すると、頭痛、目まいなどを起こすことがある。

⑷　ガソリンが少しだけ残っている容器に灯油をつぎ足した場合、よく混ぜ合わせれば石油ストーブの燃料に使用しても危険性はない。

問題2　灯油について、次のうち正しいものはどれか。

⑴　無色あるいは淡黄色の液体である。

⑵　蒸気は、空気より軽い。

⑶　ディーゼル機関等の燃料に用いられる。

⑷　水より軽く水に溶ける。

問題3　軽油について、次のうち正しいものはどれか。

⑴　引火点は21℃以下である。

⑵　比重は1以上である。

⑶　ガソリンより蒸発しやすい。

⑷　流動すると、静電気が発生しやすい。

問題4　灯油、軽油の一般的な火災予防対策として、次のA〜Dのうち、誤っているものの組合せはどれか。

A　容器に貯蔵する場合は、空間容積を設けてはならない。

B　容器は密栓し、冷暗所に貯蔵する。

C　室内で取り扱う場合は、低所より高所の換気を十分に行う。

D　可燃性蒸気が滞留するおそれのある場所では、火花を発生する機械器具や工具を使用しない。

⑴　AとC　　　⑵　AとD　　　⑶　BとC　　　⑷　BとD

問題5　重油について、次のうち正しいものはどれか。

⑴　重油には、A重油、B重油、C重油、D重油がある。

⑵　無色あるいは淡黄色の液体である。

⑶　300℃に加熱すると、炎がなくても発火することがある。

⑷　水に入れると、固まって沈んでしまう。

問題6　次の事故事例を教訓とした今後の対策として、誤っているものは次のうちどれか。

「給油取扱所において、アルバイト従業員が、20Lのプラスチック容器を持って灯油を買いに来た客に、誤って自動車ガソリンを売ってしまった。客はそれを石油ストーブに入れて使用したため、異常な燃焼を起こし、火災となった」

(1)　容器に注入する前に、油の種類を客にもう一度確認する。

(2)　自動車ガソリンは無色であるが、灯油はオレンジ色に着色されているので、油の色をよく確認してから容器に注入する。

(3)　プラスチックなどの容器は、ガソリンの運搬容器として使用してはならないことを、従業員に徹底する。

(4)　灯油の小分けであっても、危険物取扱者が行うか、または立ち会う。

問題7　動植物油について、次のうち正しいものはどれか。

(1)　自然発火する危険性はない。

(2)　引火点は100℃である。

(3)　水には溶けない。

(4)　衝撃や摩擦によって爆発しやすい。

問題8　引火点が低いものから高いものへと順に並んでいるものは、次のうちどれか。

(1)　自動車ガソリン → 重油 → 軽油

(2)　重油 → 軽油 → 自動車ガソリン

(3)　自動車ガソリン → 軽油 → 重油

(4)　軽油 → 自動車ガソリン →重油

解答・解説

問題1　正解　(4)

(4)×ガソリンと灯油を混合すると引火しやすくなり危険なので、石油ストーブなどに使用してはならない。

問題2　正解　(1)

(2)×「蒸気は、空気より重い」が正しい。これは、第4類の危険物のすべてに当てはまる。

(3)×「ディーゼル機関等の燃料に用いられる」。これは、灯油ではなく軽油の説明である。灯油は、ストーブの燃料や溶剤、洗浄剤として用いられる。

(4)×「水より軽く水に溶けない」が正しい。これは、ガソリン、軽油、重油など、第4類の危険物の多くにも当てはまる。

問題3　正解　(4)

(1)×軽油の引火点は45℃である。また、軽油と灯油は、「第2石油類」なので、引火点は「21℃～70℃未満」という決まりがある。「21℃未満」が第1石油類の引火点。

(2)×軽油の比重は0.85。1未満であれば水に浮く。

(3)×沸点が低い物質は蒸発しやすい。ガソリンの沸点は40℃～220℃、軽油の沸点は170℃～370℃なので、ガソリンの方が蒸発しやすい。

(4)○「流動すると、静電気が発生しやすい」。これは、第4類の危険物のすべてに当てはまる。

問題4　正解　(1)

A×温度の上昇によって容器内の液体が熱膨張を起こしても容器が破損しないよう、若干の空き（空間容積）を確保する必要がある。

C×灯油、軽油は、いずれも蒸気比重が空気より重いため、下方に溜まる。このため高所より低所の換気を十分に行う必要がある。

問題5　正解　(3)

(1)×「D重油」はない。

(2)×重油は、褐色または暗褐色の粘性のある液体である。

(3)○重油の発火点は250℃～380℃なので、300℃に加熱した場合に炎がなくても発火することはあり得る。

(4)×重油の比重は0.9～1.0なので、重油は沈まずに水に浮く。

問題6　正解　(2)

(2)×灯油は無色（またはやや黄色）の液体である。灯油や軽油と識別できるように、自動車ガソリン（本来は無色透明）がオレンジ色に着色されている。

問題7　正解　(3)

(1)×ぼろ布などに乾性油が染み込んだものを積み重ねたりしておくと、自然発火する危険性がある。

(2)×引火点は、一般に200℃以上である。

(4)×「衝撃や摩擦によって爆発しやすい」ということはない。

問題8　正解　(3)

それぞれの引火点は以下の通り。

● 自動車ガソリン … −40℃以下

● 軽油 ……………… 45℃以上

● 重油 ……………… 60～150℃

第3章

危険物に関する法令

第3章では、危険物の貯蔵や取扱いをする施設、危険物を取り扱う人に関すること、さらには具体的な取扱いの基準などについて学習します。暗記する事項の多い科目ですが、危険物を安全に取り扱うために必要な知識です。自分自身が現場で危険物を取り扱っている場面を想定しながら、確実に理解を深めていきましょう。

Lesson 1 消防法上の危険物

受験対策 危険物取扱者が取り扱う「危険物」の定義は、消防法で全国一律に定められています。危険物は第1類から第6類に区分されており、すべて固体または液体である点が重要です。丙種が取り扱う第4類危険物を中心に学習しましょう。

1コマ 丙種劇場・その7

■用語

消防法
火災を予防・鎮圧し、国民の生命や財産を火災から保護することを主な目的とする法律。危険物を定義し、その**貯蔵、取扱**いおよび**運搬**について基本的な事項を定めている。本書では消防法を単に「法」と記す。

---

1 危険物の定義

　危険物取扱者が取り扱う「危険物」は、消防法によって次のように定義されています。

> 「危険物とは、**別表第一の品名欄に掲げる物品で、同表に定める区分に応じ同表の性質欄に掲げる性状を有するものをいう**」（法第2条第7項）

　つまり、消防法の別表第一の品名欄に掲げられていて、しかもその性質欄にある「**酸化性固体**」や「**引火性液体**」といった性状を有する物品が「**危険物**」です。性状を有するかどうか不明な場合は、政令の定める判定試験を行い、物品ごとに判定します。

　消防法上の危険物は、**第1類から第6類に分類**され、固体または液体のみで、常温（20℃）で気体のものは含まれません。したがって、**水素やプロパン、高圧ガスなど**は消防法上の危険物には該当しません。

2 消防法の別表第一

　消防法の別表第一を見ると、**第1類**と**第2類**の危険物はすべて固体、**第4類**と**第6類**の危険物はすべて液体であることがわかります。**第3類**と**第5類**は、どちらにも固体のものと液体のものが含まれています。なお、丙種（へいしゅ）の試験では、第4類以外の品名まで覚える必要はありません。

第4類に含まれている7つの品名を、ほかの類の品名と区別できれば十分です。

第3章　危険物に関する法令

■消防法の別表第一

類別	性質	品名	
第1類	酸化性固体	1 塩素酸塩類 2 過塩素酸塩類 3 無機過酸化物 4 亜塩素酸塩類 5 臭素酸塩類 6 硝酸塩類	7 よう素酸塩類 8 過マンガン酸塩類 9 重クロム酸塩類 10 その他のもので政令で定めるもの 11 前各号に掲げるもののいずれかを含有するもの
第2類	可燃性固体	1 硫化りん 2 赤りん 3 硫黄（いおう） 4 鉄粉 5 金属粉	6 マグネシウム 7 その他のもので政令で定めるもの 8 前各号に掲げるもののいずれかを含有するもの 9 引火性固体
第3類	自然発火性物質および禁水性物質	1 カリウム 2 ナトリウム 3 アルキルアルミニウム 4 アルキルリチウム 5 黄りん 6 アルカリ金属（カリウムおよびナトリウムを除く）およびアルカリ土類金属	7 有機金属化合物（アルキルアルミニウムおよびアルキルリチウムを除く） 8 金属の水素化物 9 金属のりん化物 10 カルシウムまたはアルミニウムの炭化物 11 その他のもので政令で定めるもの 12 前各号に掲げるもののいずれかを含有するもの
第4類	引火性液体	1 特殊引火物 2 第1石油類 3 アルコール類 4 第2石油類	5 第3石油類 6 第4石油類 7 動植物油類
第5類	自己反応性物質	1 有機過酸化物 2 硝酸エステル類 3 ニトロ化合物 4 ニトロソ化合物 5 アゾ化合物 6 ジアゾ化合物	7 ヒドラジンの誘導体 8 ヒドロキシルアミン 9 ヒドロキシルアミン塩類 10 その他のもので政令で定めるもの 11 前各号に掲げるもののいずれかを含有するもの
第6類	酸化性液体	1 過塩素酸 2 過酸化水素 3 硝酸	4 その他のもので政令で定めるもの 5 前各号に掲げるもののいずれかを含有するもの

3 第4類危険物の品名ごとの定義

- **特殊引火物** ジエチルエーテル、二硫化炭素その他1気圧において、発火点が100℃以下のものまたは引火点が−20℃以下で沸点が40℃以下のものをいう。

- **第1石油類** アセトン、ガソリンその他1気圧において**引火点が21℃未満**のものをいう。

- **アルコール類** 1分子を構成する炭素の原子の数が1個から3個までの飽和1価アルコール（変性アルコールを含む）をいう。組成等を勘案して総務省令で定めるものを除く。

- **第2石油類** 灯油、軽油その他1気圧において**引火点が21℃以上70℃未満**のものをいう。塗料類その他の物品であって、組成等を勘案して総務省令で定めるものを除く。

- **第3石油類** 重油、クレオソート油その他1気圧において**引火点が70℃以上200℃未満**のものをいう。塗料類その他の物品であって、組成を勘案して総務省令で定めるものを除く。

- **第4石油類** ギヤー油、シリンダー油その他1気圧において**引火点が200℃以上250℃未満**のものをいう。塗料類その他の物品であって、組成を勘案して総務省令で定めるものを除く。

- **動植物油類** 動物の脂肉等または植物の種子もしくは果肉から抽出したものであって、1気圧において**引火点が250℃未満**のものをいう。総務省令で定めるところにより貯蔵保管されているものを除く。

コレだけ!!

危険物取扱者が取り扱う「危険物」

消防法の別表第一の品名欄に掲げる物品で、
同表に定める区分に応じ
同表の性質欄に掲げる性状を有するもの

- 第1類〜第6類に分類
- 常温（20℃）で気体の危険物はない

第4類危険物の品名ごとの定義は覚えておきましょう

理解度チェック○×問題

Key Point	できたら チェック ☑
危険物の定義	□□ 1 危険物の定義は、各都道府県によって異なる。
	□□ 2 危険物とは、消防法別表第一の品名欄に掲げる物品で、同表に定める区分に応じ、同表の性質欄に掲げる性状を有するものをいう。
	□□ 3 消防法上の危険物は、固体または液体のどちらかであり、常温（20℃）で気体のものは含まれていない。
消防法の別表第一	□□ 4 危険物は特類および第1類から第6類の7種類に分類されている。
	□□ 5 第4類危険物は、すべて引火性液体である。
	□□ 6 危険物は、第1類から第6類へと危険度が増していく。
	□□ 7 水素、プロパンは、消防法別表第一に品名として掲げられている。
第4類危険物の品名ごとの定義	□□ 8 第1石油類とは、1気圧において引火点が21℃未満のものをいう。
	□□ 9 第2石油類とは、灯油、軽油その他1気圧において引火点が21℃以上70℃未満のものをいう。
	□□10 第3石油類とは、ギヤー油、シリンダー油その他1気圧において引火点が200℃以上250℃未満のものをいう。
	□□11 動植物油類とは、動物の脂肉等または植物の種子もしくは果肉から抽出したものであって、1気圧において引火点が250℃未満のものをいう。
第4類危険物のそれぞれの物品	□□12 ガソリンは、第4類危険物第1石油類に該当する。
	□□13 重油は、第4類危険物第4石油類に該当する。

解答・解説

1.× 危険物の定義は全国共通である。 2.○ 3.○ 4.× 特類は存在しない。 5.○ 6.× 類別は危険性の大小ではない。 7.× 水素やプロパンは気体であり、そもそも消防法上の危険物ではない。 8.○ 9.○ 10.× これは第4石油類である。 11.○ 12.○ 13.× 重油は第4類危険物第3石油類。

ここが狙われる！

世の中には、毒物や火薬類、高圧ガスなど危険なものが数多く存在するが、それらすべてが消防法上の「危険物」ではないことを理解しよう。丙種が取り扱える第4類危険物については、品名ごとの定義（特に引火点の範囲）を確実に覚えよう。

第3章 危険物に関する法令

指定数量と倍数計算

消防法上の危険物であれば量の大小に関係なく法の規制を受けるというわけではなく、法の許可を必要とする基準量というものがあります。これを指定数量といいます。丙種が取り扱える危険物の指定数量を確実に覚えましょう。

1コマ　丙種劇場・その8

1 危険物の規制と指定数量

　指定数量とは、危険物の貯蔵または取扱いが消防法による規制を受けるかどうかを決める基準量です。指定数量は危険物ごとにその危険性を勘案して政令によって定められています。

　たとえば、ガソリンは第4類危険物第1石油類の非水溶性液体なので、指定数量は200Lです。したがって、200L以上のガソリンを貯蔵しまたは取り扱う場合には消防法による規制を受けます。

> ガソリンは200L、灯油と軽油は1,000L。危険性の高いものほど指定数量は少なめに定められています。

　一方、指定数量未満の危険物の貯蔵または取扱いについては消防法ではなく、それぞれの市町村が定める条例によって規制されます。

　なお、危険物の運搬（●Lesson 12）については、指定数量とは関係なく消防法による規制を受けます。

以上をまとめると、次のようになります。

危険物の貯蔵または取扱い	
指定数量以上	消防法、政令、規則等による規制
指定数量未満	各市町村の条例による規制
危険物の運搬	
指定数量に関係なく	消防法、政令、規則等による規制

　第4類危険物の指定数量は、下の表の通りです。丙種が取り扱える危険物の指定数量を確実に覚えましょう。

品　名	性　質	主な物品	指定数量	危険性
特殊引火物	—	ジエチルエーテル	50L	高
第1石油類	非水溶性	ガソリン	200L	
	水溶性	アセトン	400L	
アルコール類	—	メタノール	400L	危険性
第2石油類	非水溶性	灯油、軽油	1,000L	
	水溶性	酢酸	2,000L	
第3石油類	非水溶性	重油	2,000L	
	水溶性	グリセリン	4,000L	
第4石油類	—	ギヤー油、シリンダー油	6,000L	低
動植物油類	—	アマニ油	10,000L	

2 指定数量の倍数

　実際に貯蔵し、または取り扱っている危険物の数量が、指定数量の何倍に相当するかを表す数を指定数量の倍数といいます。倍数の求め方は次の通りです。

①危険物が1種類だけの場合

　実際の数量を指定数量で割るだけです。

例 灯油を3,000L貯蔵している場合を考えてみましょう。

　灯油（指定数量1,000L）➡ 3000 ÷ 1000 ＝ 3

　この貯蔵所では指定数量の3倍の灯油を貯蔵していることになります。

プラスワン

消防法では指定数量以上の危険物を貯蔵所以外の場所で貯蔵することや、製造所、貯蔵所および取扱所以外の場所で取り扱うことを原則として禁止している。

重要

非水溶性は危険
非水溶性のものは水に溶けにくく、比重が軽いものが多いため、いちばん簡単な水での消火が難しい（水の表面に載った火のついた液体が水と一緒に広がる）ため危険性が大きい。この結果、非水溶性（危険性が大きい）の指定数量は水溶性（危険性が小さい）の半分と決められている。

丙種の試験では、左上の表の赤い字の指定数量をしっかり覚えておきましょう。

②危険物が2種類以上の場合

　同一の場所で危険物A、B、Cを貯蔵しまたは取り扱っている場合は、それぞれの危険物ごとに倍数を求めてその数を合計します。つまり、

$$\frac{実際のAの数量}{Aの指定数量} + \frac{実際のBの数量}{Bの指定数量} + \frac{実際のCの数量}{Cの指定数量}$$

　このようにして求めた倍数の合計が1以上になるとき、その場所では指定数量以上の危険物の貯蔵または取扱いをしているものとみなされます。

例 同一の貯蔵所でガソリン100L、軽油400L、重油400Lを貯蔵している場合を考えてみましょう。

- ガソリン（指定数量200L）　➡ $100 \div 200 = 0.5$
- 軽油（指定数量1,000L）　➡ $400 \div 1,000 = 0.4$
- 重油（指定数量2,000L）　➡ $400 \div 2,000 = 0.2$

これを合計して、

　$0.5 + 0.4 + 0.2 = 1.1$倍

　したがって、上の例ではそれぞれの危険物はどれも指定数量未満ですが、合計すると1以上になるので指定数量以上の危険物を貯蔵しているものとみなされ、消防法による規制を受けることになります。

コレだけ!!

丙種が取り扱える第4類危険物の指定数量

ガソリン（第1石油類の非水溶性）……………………200L

灯油・軽油（第2石油類の非水溶性）……………1,000L

重油（第3石油類の非水溶性）……………………2,000L

ギヤー油・シリンダー油など（第4石油類）……6,000L

動植物油類………………………………………10,000L

> 水溶性は
> 非水溶性の
> 2倍です

理解度チェック○×問題

Key Point	できたら チェック ☑
危険物の規制と指定数量	□□ 1 指定数量以上の危険物を貯蔵しまたは取り扱う場合は消防法による規制を受ける。
	□□ 2 指定数量未満の危険物の貯蔵や取扱いについてはまったく規制がない。
	□□ 3 指定数量未満の危険物の運搬は、市町村条例によって規制される。
	□□ 4 指定数量が少なめに定められているものほど危険性が高い。
丙種が取り扱える第4類危険物の指定数量	□□ 5 ガソリンの指定数量は200Lである。
	□□ 6 灯油および軽油の指定数量は400Lである。
	□□ 7 重油の指定数量は2,000Lである。
	□□ 8 シリンダー油の指定数量は3,000Lである。
	□□ 9 動植物油類の指定数量は10,000Lである。
指定数量の倍数計算	□□10 ガソリン1,000Lの取扱いは、指定数量の5倍に相当する。
	□□11 灯油2,000Lの取扱いは、指定数量の10倍に相当する。
	□□12 18L入りガソリン缶10缶の貯蔵は、消防法による規制を受ける。
	□□13 ガソリン600L、重油2,000Lを同一の場所で貯蔵すると、指定数量の5倍の貯蔵になる。
	□□14 ガソリン100Lと軽油500Lを同一の場所で取り扱うと、指定数量以上の取扱いとみなされる。

解答・解説

1.○ 2.× 市町村条例による規制を受ける。 3.× 運搬は指定数量と関係なく消防法で規制される。 4.○
5.○ 6.× 灯油・軽油の指定数量は1,000L。 7.○ 8.× シリンダー油（第4石油類）の指定数量は
6,000L。 9.○ 10.○ 1,000÷200＝5倍。 11.× 2,000÷1,000＝2倍。 12.× 18L入りガソリン
缶×10缶で180Lの貯蔵。180÷200＝0.9倍。指定数量の1倍未満なので消防法による規制は受けない。
13.× ガソリン600÷200＝3、重油2,000÷2,000＝1。これを合計して3＋1＝4倍。 14.○ ガソリ
ン100÷200＝0.5、軽油500÷1,000＝0.5。これを合計して0.5＋0.5＝1倍。

ここが狙われる！

丙種が取り扱える危険物の指定数量は、確実に覚えておかなければならない（それ以外のものは覚える必要がない）。また、倍数計算の問題が出題されることもあるので、このレッスンで学習した程度の計算問題には慣れておく必要がある。

Lesson 3 危険物施設の区分

受験対策 消防法に基づく危険物施設は、大きく製造所、貯蔵所、取扱所の３つに区分されており、さらに貯蔵所は７種類、取扱所は４種類に分かれます。計12種類の危険物施設を区別できるよう、各危険物施設の定義を覚えましょう。

1 製造所および貯蔵所

　危険物の施設は、製造所、貯蔵所、取扱所の３つに区分され、これらをまとめて「製造所等」といいます。

　製造所とは危険物を製造する施設です。危険物を加工するだけの施設は製造所ではなく、取扱所に区分されます。

　貯蔵所とは危険物を貯蔵または取り扱う施設をいい、次の７種類があります。

製造所等のことを「危険物施設」とか単に「施設」と呼ぶこともあります。主な施設の構造等についてはLesson 8で詳しく学習します。

容器に収納して貯蔵		
屋内（倉庫）	……………………………	①**屋内貯蔵所**
屋外（野積み）	……………………………	②**屋外貯蔵所**

タンクに貯蔵		
固定タンク	屋内	………………③**屋内タンク貯蔵所**
	屋外	………………④**屋外タンク貯蔵所**
	屋内または屋外	………⑤**地下タンク貯蔵所**
		⑥**簡易タンク貯蔵所**
移動タンク	…………………………………	⑦**移動タンク貯蔵所**

①屋内貯蔵所

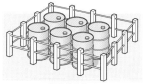
②屋外貯蔵所

③屋内タンク貯蔵所

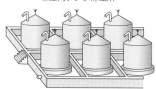
④屋外タンク貯蔵所

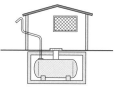
⑤地下タンク貯蔵所

⑥簡易タンク貯蔵所

⑦移動タンク貯蔵所

①屋内貯蔵所

容器に**収納**した危険物を倉庫などの建物内で貯蔵または取り扱います。

②屋外貯蔵所

貯蔵・取扱いができる**危険物が限定**されているので注意が必要です。

③屋内タンク貯蔵所

タンクの容量は、指定数量の**40倍以下**です。

④屋外タンク貯蔵所

屋外にあるタンクで貯蔵します。

⑤地下タンク貯蔵所

地面より下に**埋設**されたタンクで貯蔵します。

⑥簡易タンク貯蔵所

タンク1基の容量は600L**以下**とされています。

⑦移動タンク貯蔵所

車両に固定されたタンクで貯蔵または取り扱います。一般にタンクローリーと呼ばれています。タンクの容量は30,000L**以下**です。

プラスワン

屋外貯蔵所で貯蔵・取扱いできる危険物は、次の①と②のみ。
①第2類危険物の
* 硫黄
* 引火性固体
（引火点0℃以上）
②第4類危険物の
* 特殊引火物以外のもの。ただし**第1石油類は引火点0℃以上**のもの。
ガソリンは貯蔵できない。

2 取扱所

取扱所とは、危険物の製造と貯蔵以外の目的で指定数量以上の危険物を取り扱う施設です。次の4種類があります。

①給油取扱所

固定給油設備によって自動車等の燃料タンクに直接給油する取扱所です。ガソリンスタンドがこれに当たります。

①給油取扱所（ガソリンスタンド）

②販売取扱所

店舗において容器入りのまま販売する取扱所です。取り扱う危険物の量によって第1種と第2種に分かれます。

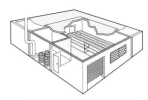

②販売取扱所（塗料の販売店）

③移送取扱所

配管およびポンプそのほかの設備によって危険物の移送を行う取扱所です。パイプライン施設などがこれに当たります。

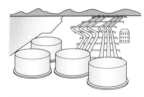

③移送取扱所（パイプライン施設）

④一般取扱所

①～③のどれにも該当しない取扱所です。ボイラーで重油等を消費する施設などが代表的です。

プラスワン

給油取扱所では、自動車等の燃料タンクに直接給油するほか、固定注油設備によって灯油や軽油を容器などに詰め替えることもできる。

重要

販売取扱所の
第1種と第2種
第2種の方が取り扱える危険物の量が多い。
①第1種販売取扱所
➡指定数量の倍数が、15以下のもの
②第2種販売取扱所
➡指定数量の倍数が、15を超え40以下のもの

コレだけ‼

販売取扱所の区分

● 第1種販売取扱所 …… 指定数量の倍数が15以下

● 第2種販売取扱所 …… 指定数量の倍数が15を超え40以下

理解度チェック○×問題

Key Point	できた **ら チェック** ☑
製造所	□□ 1　ボイラーで重油等を消費する施設のことを製造所という。
屋内貯蔵所と屋外貯蔵所	□□ 2　屋内貯蔵所とは、屋内の場所において容器に収納した危険物を貯蔵または取り扱う貯蔵所である。
	□□ 3　屋外にあるタンクで危険物を貯蔵または取り扱う貯蔵所のことを屋外貯蔵所という。
	□□ 4　屋外貯蔵所は、貯蔵できる危険物の種類が限定される。
タンク貯蔵所	□□ 5　屋内にあるタンクで危険物を貯蔵または取り扱う貯蔵所のことを屋内タンク貯蔵所という。
	□□ 6　移動タンク貯蔵所とは、車両に固定されたタンクにおいて危険物を貯蔵または取り扱う貯蔵所をいう。
	□□ 7　簡易タンク貯蔵所のタンク1基の容量は3,000L以下とされている。
	□□ 8　屋外タンク貯蔵所とは、地盤面下に埋設されているタンクにおいて危険物を貯蔵または取り扱う貯蔵所をいう。
取扱所	□□ 9　給油取扱所とは、固定給油設備によって自動車等の燃料タンクに直接給油するために危険物を取り扱う取扱所である。
	□□10　第1種販売取扱所とは、店舗において容器入りのままで販売するため、指定数量の15倍以上の危険物を取り扱う取扱所をいう。
	□□11　第2種販売取扱所で取り扱う危険物は、指定数量の倍数が15を超え40以下とされている。
	□□12　配管およびポンプならびにこれらに付属する設備によって、危険物の移送の取扱いを行う施設を移送取扱所という。

解答・解説

1.× 製造所は危険物を製造する施設。設問は一般取扱所の説明。 2.○ 3.× これは屋外貯蔵所ではなく屋外タンク貯蔵所。 4.○ 5.○ 6.○ 7.× 3,000Lではなく600L。 8.× これは地下タンク貯蔵所。 9.○ 10.× 15倍以上ではなく15倍以下。 11.○ 12.○

ここが狙われる！

屋内貯蔵所と屋内タンク貯蔵所、屋外貯蔵所と屋外タンク貯蔵所を間違えないようにしよう。販売取扱所については、第2種の方が取り扱える危険物の量が多いことを覚えておこう。

Lesson 4 各種申請と手続き

受験対策 製造所等を設置したり、貯蔵している危険物の数量を変更したりする場合は、法令で定められた手続きをとらなければなりません。このレッスンでは、各種の手続きについて学習します。

1コマ 丙種劇場・その10

この2つです。

2 位置・構造・設備の変更　1 設置

いろいろありますが、許可がいるのは、

1 各種申請手続き

製造所等の設置などの申請手続きには許可申請、承認申請、検査申請、認可申請の4つがあります。届出手続きの場合は届け出るだけでよいのですが、申請手続きの場合は許可や承認を得なければならないので、届出よりも厳しい規制といえます。申請手続きの種類と申請先は次の通りです。

申請	手続き事項	申請先
許可	製造所等の設置	市町村長等
	製造所等の位置・構造・設備の変更	
承認	仮使用	消防長・消防署長
	仮貯蔵・仮取扱い	
検査	完成検査	市町村長等
	完成検査前検査	
	保安検査	
認可	予防規程の作成・変更	

重要

申請手続きの申請先
仮貯蔵・仮取扱いの申請先が消防長または消防署長とされている以外、申請先はすべて市町村長等である。

用語

消防長と消防署長
消防長とは市町村に設置される消防本部の長をいう。一方、消防署長は各消防署の長であり、消防長の指揮監督を受けながら消防署を統括している。

予防規程 ●p85

2 製造所等の設置・変更

　製造所等を設置する場合や、製造所等の位置、構造または設備を変更する場合は、市町村長等に申請し許可を受けなければなりません。許可書の交付を受けて着工した工事が完了すると、次は市町村長等に完成検査を申請します。この検査によって技術上の基準に適合していることが認められると完成検査済証が交付され、ようやく使用開始となります。

　ただし液体の危険物を貯蔵するタンク（液体危険物タンク）を有する製造所等の場合は、製造所等全体の完成検査を受ける前に、そのタンクの漏れや変形について検査を受けなければなりません。これを完成検査前検査といいます。

　以上の手続きを整理すると次のようになります。

重要

許可が出ない限り、着工できない

市町村長等の許可がなければ着工することは認められない。無許可で変更工事に着工した場合は、無許可変更として設置許可の取消しまたは使用停止命令を受ける。また無許可の設置および変更は罰則の対象にもなる。

第3章 危険物に関する法令

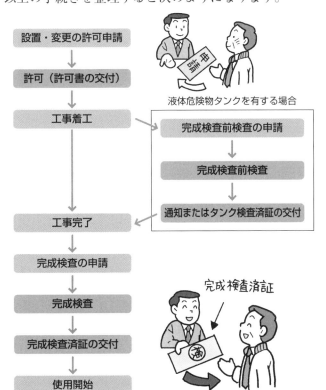

3 仮使用、仮貯蔵・仮取扱い

①仮使用

製造所等の一部変更をするだけなのに、その変更工事が完成検査に合格するまで施設全体が使用できないというのでは困ります。そこで、変更工事に係る部分以外の全部または一部を、市町村長等の承認を受けることで仮に使用することが認められます。この制度を仮使用といいます。

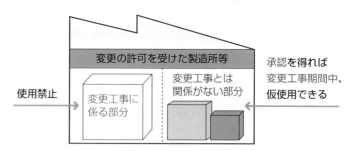

仮使用は変更工事の場合にだけ認められるものであり、設置工事についてはこのような制度はありません。

②仮貯蔵・仮取扱い

指定数量以上の危険物については、製造所等以外の場所での貯蔵および取扱いが禁止されています。

ただし、所轄の消防長または消防署長に申請して承認を受けることにより、10日以内に限り製造所等以外の場所で貯蔵または取り扱うことが認められます。この制度を仮貯蔵・仮取扱いといいます。ほかの申請手続きとは申請先が異なることに注意しましょう。

仮使用、仮貯蔵・仮取扱いだけが承認を申請する手続きです。「仮」がつけば「承認」と覚えましょう。

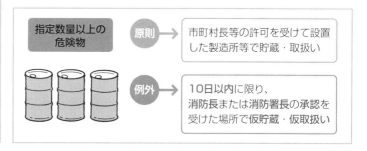

　仮使用と仮貯蔵・仮取扱いはどちらも承認を申請する点で共通しています。ここでは違いを整理しておきましょう。

	仮使用	仮貯蔵・仮取扱い
場　所	使用中の製造所等	製造所等以外の場所
内　容	一部変更工事中、工事と関係のない部分を仮に使用する	指定数量以上の危険物を仮に貯蔵または取り扱う
期　間	変更工事の期間中	10日以内
申請先等	市町村長等が承認	消防長または消防署長が承認

4 各種届出手続き

　消防法上届出が必要とされる手続きには次のようなものがあります。いずれも届出先が市町村長等になっています。

①製造所等の譲渡または引渡し

　製造所等の譲渡または引渡しがあったときは、譲受人または引渡しを受けた者は、遅滞なく市町村長等に届け出なければなりません。

②製造所等の用途の廃止

　製造所等の所有者、管理者または占有者は、製造所等の用途を廃止したときは、遅滞なく市町村長等に届け出なければなりません。

③危険物の品名、数量または指定数量の倍数の変更

　製造所等の位置、構造または設備を変更しないで、その製造所等で貯蔵しまたは取り扱う危険物の品名、数量または指定数量の倍数を変更しようとする者は、変更しようとする日の10日前までに市町村長等に届け出なければなりません。位置、構造または設備を変更して、危険物の品名、数量または指定数量の倍数も変更するという場合は、変更の許可申請だけをすれば足ります。

　届出を必要とする手続きとその期限をまとめると、次の通りです。

プラスワン

申請手続きは基本的に市町村長等が申請先であるが、仮貯蔵・仮取扱いについては仮貯蔵・仮取扱いの場所を最もよく把握している所轄消防長または消防署長が承認を行うことになっている。

用語

製造所等の譲渡または引渡し
譲渡とは売買などにより所有権を移転することをいい、引渡しは賃貸借などにより事実上の支配を移転することをいう。

届出に「10日前」という指定があるのは、品名等の変更の場合だけです。

届出を必要とする手続き	届出期限	届出先
製造所等の譲渡または引渡し	遅滞なく	市町村長等
製造所等の用途の廃止	遅滞なく	
危険物の品名、数量または指定数量の倍数の変更	変更しようとする日の10日前まで	
危険物保安監督者の選任・解任	遅滞なく	
危険物保安統括管理者の選任・解任	遅滞なく	

危険物保安監督者
◯p80

危険物保安統括管理者**◯**p82

5 申請先・届出先のまとめ

　申請先、届出先の「市町村長等」には、次の区分に応じ、市町村長のほかに都道府県知事と総務大臣が含まれます。

移送取扱所を除く製造所等	申請先・届出先
消防本部および消防署を設置する市町村	市町村長
上記以外の市町村	都道府県知事
移送取扱所	**申請先・届出先**
消防本部および消防署を設置する1つの市町村の区域に設置される場合	市町村長
上記以外の市町村の区域、または2つ以上の市町村にまたがって設置される場合	都道府県知事
2つ以上の都道府県にまたがって設置される場合	総務大臣

コレだけ!!

申請手続きと届出手続きのポイント

● 製造所等の設置・変更 ………………… 市町村長等の**許可**
　（完成検査・完成検査前検査も市町村長等へ申請）

● 変更工事の際の仮使用 ………………… 市町村長等の**承認**

● 仮貯蔵・仮取扱い ……………………… 消防長または消防署長の**承認**

● 危険物の品名等の変更 ………………… **10日前までに**
　　　　　　　　　　　　　　　　　　　　市町村長等へ届出

理解度チェック○×問題

Key Point	できたら チェック ☑
製造所等の設置・変更	□□ 1　製造所等を設置する場合は、市町村長等の許可を必要とする。
	□□ 2　製造所等の位置を変更する場合、申請すればいつでも工事に着工できる。
完成検査と完成検査前検査	□□ 3　設置工事が完了しても、完成検査を受けて基準に適合していることが認められなければ使用を開始することはできない。
	□□ 4　第4類危険物の屋内貯蔵所を設置する場合、完成検査前検査が必要である。
仮使用	□□ 5　仮使用とは、製造所等の設置許可を受けてから完成検査を受けるまでの間、施設の一部を仮に使用することをいう。
	□□ 6　製造所等の一部変更工事に伴い、工事部分以外の一部または全部を市町村長等の承認を受けて仮に使用することを仮使用という。
仮貯蔵・仮取扱い	□□ 7　指定数量以上の危険物を製造所等以外の場所で仮貯蔵する場合は、市町村長等の許可が必要である。
	□□ 8　仮貯蔵・仮取扱いは、10日以内に限り認められる。
届出手続き	□□ 9　製造所等の位置、構造または設備を変更しないで、貯蔵する危険物の品名を変更する場合は、市町村長等に許可申請をする。
	□□10　危険物の品名、数量または指定数量の倍数を変更する届出は、変更する日の10日前までにしなければならない。
	□□11　製造所等の譲渡を受けた場合は、遅滞なく市町村長等に届け出なくてはならない。
	□□12　製造所等の用途の廃止の届出は、用途の廃止をする日の10日前までにしなければならない。

解答・解説

1.○　2.× 許可を得るまで着工できない。　3.○　4.× 液体危険物タンクのない施設なので必要ない。 5.× 仮使用は変更工事の際に認められる。　6.○　7.× 消防長または消防署長の承認が必要。　8.○　9.× 許可申請ではなく届出をする。　10.○　11.○　12.× 10日前までではなく、廃止後遅滞なく。

ここが狙われる！

製造所等を設置するときは市町村長等の許可、仮使用は市町村長等の承認、仮貯蔵・仮取扱いは消防長・消防署長の承認が必要である。仮使用については制度の意味を問う問題もよく出題される。各種の届出手続きについても、それぞれの内容をよく理解しておこう。

Lesson 5 危険物取扱者制度

受験対策 危険物取扱者の免状は甲種、乙種、丙種に区分されています。危険物の取扱いや特に立会いについて、種別によりどのような違いがあるのか、確実に理解しましょう。免状の書換えや再交付、保安講習も重要です。

1コマ 丙種劇場・その11

丙種の免状では、一部の第4類危険物のみ取扱いができます。立会いはできません。

重要

危険物取扱者は国家資格
危険物取扱者の免状はそれを取得した都道府県内だけでなく、全国どこでも有効。

プラスワン

製造所等で危険物取扱者以外の者が危険物の取扱いをする場合は、指定数量に関係なく、甲種または乙種危険物取扱者の立会いが必要である。
指定数量 ➡p62

1 危険物取扱者

　危険物取扱者とは、危険物取扱者試験に合格し、都道府県知事から危険物取扱者の免状の交付を受けた者をいいます。免状には甲種、乙種、丙種の3種類があります。

　製造所等での危険物の取扱いは、次のアまたはイの場合に限られます。

> ア　危険物取扱者自身（甲種、乙種、丙種）が行う
> イ　危険物取扱者以外の者が、危険物取扱者（甲種か乙種）の立会いのもとに行う

　つまり、危険物取扱者以外の者だけでは危険物の取扱いはできません。したがって、製造所等には危険物を取り扱うために必ず危険物取扱者を置かなければなりません。

①甲種危険物取扱者

　第1類〜第6類のすべての類の危険物について、取扱いおよび立会いができます。

②乙種危険物取扱者

第1類～第6類のうち、免状を取得した類の危険物についてのみ、取扱いおよび立会いができます。

③丙種危険物取扱者

第4類危険物のうち、特定の危険物についてのみ取扱いができます。立会いは一切できません。

		取扱い	立会い
甲	種	すべての類の危険物	すべての類の危険物
乙	種	免状を取得した類の危険物	免状を取得した類の危険物
丙	種	第4類の特定の危険物	できない

2 危険物取扱者免状

①免状の交付と書換え

危険物取扱者免状は、危険物取扱者試験に合格した者に対し都道府県知事が交付します。

免状の交付は、受験した都道府県の知事に申請します。

免状の表面には、甲種、乙種、丙種の区別や、乙種危険物取扱者の免状を取得した類などが表示される。

免状の記載事項に次のような変更が生じたときは、遅滞なく免状の書換えを申請しなければなりません。

- 氏名、本籍地の属する都道府県などが変わったとき
- 貼付されている写真が、撮影から10年経過したとき

免状の書換えは、免状を交付した都道府県知事、または居住地もしくは勤務地を管轄する都道府県知事に申請します。

用語

立会い
資格のない人が危険物を取り扱う際、監督し、指示をするために、その場所に居合わせること。

プラスワン

丙種危険物取扱者が取り扱える危険物は以下の通り。

- ガソリン
- 灯油、軽油
- 第3石油類のうち重油、潤滑油、引火点130℃以上のもの
- 第4石油類
- 動植物油類

▶p44

ジエチルエーテルやエタノールなどは、取り扱えませんね。

現住所が変わっただけでは、免状の書換え事由に該当しません。

第3章 危険物に関する法令

②免状の再交付

　交付された免状を亡失、滅失、汚損、破損したときは、免状の再交付を申請することができます。

　再交付は、免状を交付または書換えをした都道府県知事にのみ申請できます。

　免状を亡失して再交付を受けたにもかかわらず、亡失した免状を発見した場合は、再交付を受けた都道府県知事に発見した免状を10日以内に提出しなければなりません。

■免状の各手続きの申請先のまとめ

手続き	申請先
交付	●受験した都道府県の知事
書換え	●免状を交付した都道府県知事 ●居住地の都道府県知事 ●勤務地の都道府県知事
再交付	●免状を交付した都道府県知事 ●書換えをした都道府県知事
亡失した免状を発見したとき	●再交付を受けた都道府県知事

免状に関する手続きの申請先は、すべて都道府県知事になります。

③免状の返納命令と不交付

　危険物取扱者が消防法令に違反しているとき、免状を交付した都道府県知事は、その危険物取扱者に免状の返納を命じることができます。

　また、都道府県知事は、次のアまたはイに該当する場合には、たとえその者が危険物取扱者試験に合格していても免状の交付を行わないこと（不交付）ができます。

ア　都道府県知事から危険物取扱者免状の返納を命じられ、その日から起算して1年を経過しない者

イ　消防法令に違反して罰金以上の刑に処せられた者で、その執行を終わり、または執行を受けることがなくなった日から起算して2年を経過しない者

3 保安講習

製造所等において危険物の取扱作業に従事している危険物取扱者は、甲種、乙種、丙種を問わず一定の時期に都道府県知事が行う保安講習を受講する義務があります。保安講習はどの都道府県でも受講できます。

保安講習を受講する時期は次の通りです。

①原則

危険物の取扱いに従事することとなった日から1年以内に受講し、その後は受講した日以降における最初の4月1日から3年以内ごとに受講を繰り返す。

②例外

危険物の取扱いに従事することとなった日の過去2年以内に免状の交付（または保安講習）を受けている場合は、免状の交付（または保安講習）を受けた日以降における最初の4月1日から3年以内に受講し、その後も3年以内ごとに受講を繰り返す。

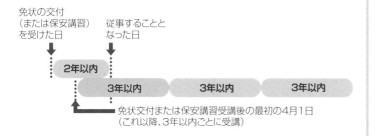

 用語

保安講習
正式には「危険物の取扱作業の保安に関する講習」といい、**危険物の取扱作業に従事している**危険物取扱者に受講の義務がある。消防法令に違反した者が受講する講習ではない。

重要

受講義務のない者
①危険物取扱者ではあるが、現に**危険物の取扱作業に従事していない者**。
②危険物の取扱作業に現に従事しているが、**危険物取扱者ではない者**。

プラスワン

保安講習の受講義務のある危険物取扱者が受講しなかった場合には、免状の**返納命令**を受けることがある。

4〜**6**で学習するよ
うに、危険物取扱者
以外に、危険物の取
扱いに関しては、次
の3つの役職がある。
①**危険物保安監督者**
移動タンク貯蔵所以
外の製造所等では選
任が必要。最も一般
的な役職。
②**危険物施設保安員**
少し規模の大きな製
造所等で選任が必
要。
③**危険物保安統括管
理者**
大規模な製造所等で
選任が必要。

上の3つの役職を
選任するのは、製
造所等の所有者等
です。

予防規程 ◯p85

4 危険物保安監督者

①危険物保安監督者とその選任・解任

危険物保安監督者とは、危険物取扱作業の保安に関する
監督業務を行う者をいいます。危険物保安監督者の選任・
解任を行うのは、製造所等の所有者、管理者または占有者
です。選任・解任を行ったときは、遅滞なく市町村長等に
届け出なくてはなりません。

②危険物保安監督者になる資格

甲種または乙種の危険物取扱者のうち、製造所等におい
て6カ月以上危険物取扱いの実務経験を有する者でなけれ
ばなりません。乙種の場合は免状を取得した類の保安監督
に限られます。丙種危険物取扱者には危険物保安監督者に
なる資格がありません。

③選任を必要とする製造所等

選任を常に必要とする施設	選任を常に必要としない施設
● 製造所 ● 屋外タンク貯蔵所 ● 給油取扱所 ● 移送取扱所	● 移動タンク貯蔵所のみ

④危険物保安監督者の業務

● 危険物の取扱作業が技術上の基準や予防規程などの保安
に関する基準に適合するよう、作業者に対し必要な指示
を与えること。

● 火災などの災害が発生した場合には、作業者を指揮して
応急の措置を講じるとともに、直ちに消防機関等に連絡
すること。

● 危険物施設保安員（◯**5**）を置く製造所等では危険物施
設保安員に必要な指示を行い、危険物施設保安員を置か
ない製造所等では危険物保安監督者自らが危険物施設保
安員の業務を行うこと。

● 火災などの災害を防止するため、隣接する製造所等その他関連する施設の関係者と連絡を保つこと。

5 危険物施設保安員

①危険物施設保安員とその選任・解任

危険物施設保安員とは、危険物保安監督者のもとで製造所等の保安業務の補佐を行う者です。選任・解任は製造所等の所有者、管理者または占有者が行いますが、市町村長等への届出は不要です。

②危険物施設保安員になる資格

資格について定めた規定はありません。危険物取扱者でない者でも危険物施設保安員になることができます。

③選任を必要とする製造所等

危険物施設保安員を選任しなければならない製造所等は次の３つだけです。

製 造 所	指定数量の倍数が１００以上のもの
一般取扱所	
移送取扱所	指定数量に関係なく、すべて必要

＊一般取扱所には一部除外される施設もある

④危険物施設保安員の業務

● 製造所等の構造や設備を技術上の基準に適合するように維持するため、定期点検（◉p84）や臨時点検を実施し、それを記録して保存すること。

● 製造所等の構造や設備に異常を発見した場合は、危険物保安監督者そのほかの関係者に連絡し、適当な措置を講じること。

● 火災が発生したとき、または火災発生の危険性が著しいときは、危険物保安監督者と協力して応急の措置を講じること。

● 製造所等の計測装置、制御装置、安全装置などの機能が適正に保持されるよう保安管理すること。

プラスワン

危険物施設保安員を置く施設は危険物保安監督者だけを置く施設よりも規模の大きい施設なので、業務を分散することで保安の確保を図っている。

第3章　危険物に関する法令

プラスワン

大量の第4類危険物を取り扱う事業所には、同一事業所の敷地内に複数の製造所等を有する大規模なものがある。このような事業所では連携をとった効果的な保安活動が困難なので、事業所全般の保安業務を統括するために危険物保安統括管理者の選任が義務付けられている。

プラスワン

危険物保安統括管理者に危険物取扱者の資格は不要だが、その事業所全体を統括管理できる立場の者を選任する必要がある。

6 危険物保安統括管理者

①危険物保安統括管理者とその選任・解任

危険物保安統括管理者とは、大量の第4類危険物を取り扱う事業所全般の危険物の保安に関する業務を統括管理する者をいいます。選任・解任は同一事業所において製造所等の所有者、管理者、または占有者が行います。選任・解任は遅滞なく市町村長等に届け出なくてはなりません。

②危険物保安統括管理者になる資格

資格についての規定がないため、危険物取扱者でない者でも危険物保安統括管理者になることができます。

③選任を必要とする事業所

第4類危険物を取り扱う、次のような製造所等を有する事業所です。

製　造　所	指定数量の3,000倍以上
一般取扱所	
移送取扱所	指定数量以上

＊一般取扱所などには一部除外される施設もある

④危険物保安統括管理者の業務

製造所等ごとに選任されている危険物保安監督者や危険物施設保安員らと連携し、各製造所等の保安業務を統括的に管理することによって、事業所全体の安全を確保することを業務とします。

コレだけ!!

丙種危険物取扱者は「立会い」ができない

取扱い	立会い
第4類危険物のうち、特定の危険物について取り扱うことができる。	資格をもたない人が危険物を取り扱う際の立会いは一切できない。

理解度チェック○×問題

Key Point	できたら チェック ☑
製造所等での危険物取扱い	□□ 1　乙種危険物取扱者は製造所等において、免状を取得した類の危険物についてのみ取扱いおよび立会いができる。
	□□ 2　危険物取扱者以外でも指定数量未満であれば危険物を取り扱える。
	□□ 3　丙種危険物取扱者は、エタノールを取り扱うことができる。
	□□ 4　丙種危険物取扱者は、無資格者が危険物を取り扱う際、その危険物が自ら取り扱える危険物であっても、立会うことができない。
危険物取扱者の免状	□□ 5　免状の記載事項に所定の変更が生じたときは、遅滞なく書換えを申請しなければならない。
	□□ 6　免状の書換えは、居住地または勤務地を管轄する市町村長に申請することができる。
	□□ 7　免状を破損した場合は免状の再交付を申請することができる。
	□□ 8　亡失した免状を発見した場合には、これを10日以内に免状の再交付を受けた都道府県知事に提出しなければならない。
保安講習	□□ 9　丙種危険物取扱者には保安講習の受講義務がない。
	□□10　保安講習は、製造所等で危険物の取扱いに従事することとなった日から原則として1年以内に受講しなければならない。
	□□11　危険物取扱者であっても、現に危険物の取扱作業に従事していない者には、保安講習の受講義務がない。
危険物保安監督者など	□□12　危険物保安監督者は、製造所等での実務経験が6カ月以上ある甲種、乙種または丙種の危険物取扱者の中から選任しなければならない。
	□□13　危険物施設保安員および危険物保安統括管理者は、危険物取扱者でない者でもなることができる。

解答・解説

1.○　2.× 指定数量未満でも立会いが必要。　3.× エタノールは取り扱えない。　4.○　5.○　6.× 免状を交付した都道府県知事、または居住地もしくは勤務地を管轄する都道府県知事に申請する。　7.○　8.○　9.× 丙種危険物取扱者にも受講義務がある。　10.○　11.○　12.× 丙種危険物取扱者は危険物保安監督者になる資格がない。　13.○

ここが狙われる！

丙種が取り扱える危険物は何か、立会いはできるのか、免状の書換えや再交付を申請するのはどのような場合か、申請先はどこかなどについてよく出題される。また、保安講習については、受講義務者と受講する時期をしっかりと押さえておくこと。

点検と予防

受験
対策
一定の製造所等には定期点検の実施が義務付けられています。定期点検を実施しなければならない製造所等の種類と、定期点検を行うことができる者を確実に覚えましょう。予防規程については目を通す程度でよいでしょう。

1コマ 内種劇場・その12

プラスワン

①指定数量の倍数が一定以上の場合に定期点検を実施する施設
- 10倍以上…
  製造所、一般取扱所
- 100倍以上…
  屋外貯蔵所
- 150倍以上…
  屋内貯蔵所
- 200倍以上…
  屋外タンク貯蔵所
②定期点検を実施しなくてもよい施設
- 屋内タンク貯蔵所
- 簡易タンク貯蔵所
- 販売取扱所

1 定期点検

　製造所等は、常に技術上の基準に適合するよう維持されなければならず、日頃から点検が欠かせません。特に一定の製造所等の所有者、管理者または占有者には製造所等を定期的に点検し、記録を作成して保存することが法令上義務付けられています。これを定期点検といいます。

①定期点検を実施する製造所等

　指定数量の大小に関係なく定期点検を実施しなければならない施設は次の通りです。

- 地下タンク貯蔵所
- 地下タンクを有する製造所
- 地下タンクを有する給油取扱所
- 地下タンクを有する一般取扱所
- 移動タンク貯蔵所
- 移送取扱所

「定期点検は、地下に移動、移送」と覚えましょう。

②定期点検の時期と記録の保存期間

定期点検は、原則として1年に1回以上行い、その点検記録は原則として3年間保存しなければなりません。

③定期点検を行う者

原則として危険物取扱者または危険物施設保安員が行わなければなりません。ただし、危険物取扱者の立会いがあれば、危険物取扱者や危険物施設保安員以外の者も定期点検を行うことができます。また丙種危険物取扱者も定期点検の立会いを行うことができます。

④定期点検の点検事項

製造所等の位置、構造および設備が、政令で定める技術上の基準に適合しているかどうかについて点検します。

2 予防規程

予防規程とは、火災を予防するために製造所等がそれぞれの実情に合わせて作成する自主保安に関する規程です。

①予防規程を作成する製造所等

指定数量の大小に関係なく予防規程を作成しなければならない施設は、給油取扱所と移送取扱所の2つだけです。

指定数量の倍数が一定以上の場合に予防規程の作成が義務付けられる施設は、定期点検の場合と同じです。

②予防規程の認可

製造所等の所有者、管理者または占有者は、予防規程を定め、市町村長等の認可を受けなければなりません。予防規程を変更するときも市町村長等の認可が必要です。

市町村長等は火災の予防に適当でないと認めるときは認可をせず、必要があれば予防規程の変更を命じることができます。

ゴロゴロ合わせ

定期点検実施義務のない施設

奥さん
（屋内タンク貯蔵所）

カンカン
（簡易タンク貯蔵所）

ケーキの（定期点検）

販売（販売取扱所）

なし（義務なし）

※規模が限定されている屋内タンク貯蔵所には義務がない。

丙種危険物取扱者は、無資格者が危険物を取り扱う際の立会いは行えませんが、定期点検の立会いは行うことができます。

プラスワン

地下貯蔵タンクや、地下埋設配管などを有する製造所等では、通常の定期点検のほかに、これらの漏れの有無を確認するための「漏れの点検」が義務付けられている。

③予防規程の遵守義務者

　製造所等の所有者、管理者、占有者およびその従業者は、予防規程を守らなければならないとされています。

④予防規程に定める主な事項

- 危険物の保安業務を管理する者の職務および組織に関すること。
- 危険物保安監督者が旅行、病気、事故などによって職務を行うことができない場合に、その職務を代行する者に関すること。
- 化学消防自動車の設置など、自衛消防組織に関すること。
- 危険物の保安に係る作業に従事する者に対する保安教育に関すること。
- 危険物施設の運転または操作に関すること。
- 危険物の保安のための巡視、点検、検査に関すること。
- 災害その他の非常の場合にとるべき措置に関すること。
- 製造所等の位置、構造および設備を明示した書類および図面の整備に関すること。

予防規程の目的は、製造所等の火災予防なので、次のような事項は定めません。
- 発生した火災のために受けた損害調査に関すること
- 労働災害を予防するためのマニュアル

用語

自衛消防組織
第4類危険物を大量に取り扱う事業所（危険物保安統括管理者を選任しなければならない事業所）で、その事業所の従業員によって編成される消防隊のこと。

コレだけ!!

定期点検のポイント

点検の時期	1年に1回以上
記録の保存期間	3年間
点検を行う者	丙種を含む危険物取扱者または危険物施設保安員 （危険物取扱者の立会いがあればこれ以外の者もできる）
必ず実施する施設	地下タンク貯蔵所、移動タンク貯蔵所、移送取扱所、地下タンクを有する製造所・給油取扱所・一般取扱所

理解度チェック○×問題

Key Point	できたら チェック ☑
定期点検	□□ 1　定期点検は、原則として1年に1回以上行わなければならない。
	□□ 2　定期点検の記録は、原則として1年間保存するものと定められている。
	□□ 3　定期点検は、すべての製造所等が実施対象とされている。
	□□ 4　地下タンクを有する給油取扱所は、定期点検の実施対象である。
	□□ 5　定期点検は、原則として、危険物取扱者または危険物施設保安員が行わなければならない。
	□□ 6　危険物施設保安員の立会いを受けた場合は、危険物取扱者以外の者でも定期点検を行うことができる。
	□□ 7　丙種危険物取扱者は、定期点検の立会いを行うことができる。
	□□ 8　危険物保安統括管理者であれば、定期点検を行う資格がある。
	□□ 9　定期点検は、製造所等の位置、構造および設備が技術上の基準に適合しているかどうかについて行う。
予防規程	□□10　予防規程とは、火災を予防するために製造所等がそれぞれの実情に合わせて作成する自主保安に関する規程である。
	□□11　予防規程は、すべての製造所等において作成が義務付けられているわけではない。
	□□12　予防規程を定めたり変更したりしたときは、市町村長等に届け出る。

解答・解説

1.○　2.× 3年間保存。　3.× 実施対象でない製造所等もある。　4.○　5.○　6.× 立会いは危険物取扱者以外はできない。　7.○　8.× 危険物取扱者の資格が必要である。　9.○　10.○　11.○　12.× 定めたときも変更したときも、市町村長等の認可を受ける必要がある。

ここが狙われる！

定期点検の実施義務がある製造所等の種類、実施する時期と点検記録の保存期間、定期点検を行うことができる者に関する問題がよく出題される。丙種を含む危険物取扱者の立会いがあれば、危険物取扱者や危険物施設保安員以外の者でも点検できるという点が重要。

Lesson 7 保安距離と保有空地

受験対策 保安距離と保有空地は、製造所等の「位置」に関する基準として政令等に規定されています。製造所等には、保安距離や保有空地を必要とするものとそうでないものがあります。まず、必要とする製造所等の種類を覚えましょう。

1コマ 丙種劇場・その13

言葉と一緒にイメージも覚えるといいですよ。たとえば、これが保安距離です。

あ、避難しなくちゃ

保安距離

覚えることがありすぎて、頭から火が出ちゃった！

プラスワン

保安距離を確保することによって延焼（えんしょう）の防止だけでなく、住民の避難や円滑な消防活動にも役立つ。

ゴロ合わせ

保安距離
保安には、
奥方が造って、
（保安距離が必要なのは、屋外タンク貯蔵所、製造所）
内外貯めて一杯に
（屋内貯蔵所、屋外貯蔵所、一般取扱所）

---

1 保安距離

　製造所等に火災や爆発が起きたとき、付近の住宅、学校、病院等（保安対象物と呼ぶ）に対して影響が及ばないよう、保安対象物と製造所等との間に確保する一定の距離のことを保安距離といいます。具体的には、保安対象物から製造所等の外壁（またはこれに相当する工作物の外側）までの距離を指します。製造所等には保安距離を必要とするものと必要としないものとがあります。

保安距離を必要とする製造所等	保安距離を必要としない製造所等
● 製造所	● 屋内タンク貯蔵所
● 屋内貯蔵所	● 地下タンク貯蔵所
● 屋外貯蔵所	● 移動タンク貯蔵所
● 屋外タンク貯蔵所	● 簡易タンク貯蔵所
● 一般取扱所	● 給油取扱所
	● 販売取扱所
	● 移送取扱所

保安距離は、政令と規則によって保安対象物ごとに次のように定められています。

保安対象物	保安距離
①一般の住居（同一敷地外のもの）	10m以上
②学校、病院、劇場、その他多数の人を収容する施設 　小学校・中学校・高校・幼稚園等の学校、保育所等の児童福祉施設、老人福祉施設、障害者支援施設、病院、映画館　など	30m以上
③重要文化財等に指定された建造物	50m以上
④高圧ガス、液化石油ガスの施設	20m以上
⑤特別高圧架空電線　使用電圧 7,000V超～35,000V以下	水平距離で 3m以上
⑤特別高圧架空電線　使用電圧 35,000V超	水平距離で 5m以上

ただし、①～③の保安対象物については、不燃材料でつくった防火上有効な塀を設けるなど、市町村長等が安全と認めた場合には、その市町村長等が定めた距離を保安距離とすることができます。

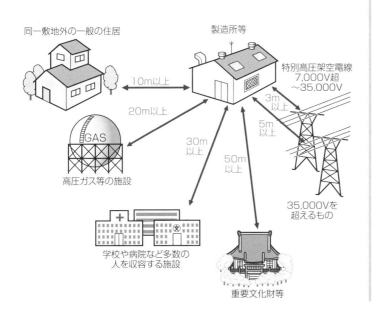

同一敷地外の一般の住居

製造所等

特別高圧架空電線
7,000V超
～35,000V

10m以上

20m以上

GAS

高圧ガス等の施設

30m
以上

50m
以上

3m
以上

5m
以上

35,000Vを
超えるもの

学校や病院など多数の
人を収容する施設

重要文化財等

重要

各保安対象物の補足
①一般の住居
その製造所等と同じ敷地内にある住居は含まない。
②学校、その他多数の人を収容する施設
大学、短期大学、予備校は含まない。
③重要文化財等に指定された建造物
あくまで建造物が重要文化財等である場合。単に文化財を保管している倉庫等は含まない。
④高圧ガス施設等
災害を発生させるおそれのある危険物の貯蔵または取扱いをする施設を指す。
⑤特別高圧架空電線
架空電線とは空中にかけ渡す電線のこと。たとえ使用電圧が7,000V超でも地中に埋設している電線は含まない。

2 保有空地

保有空地とは、火災時の消防活動および延焼防止のために製造所等の周囲に確保する空地のことをいいます。保有空地内には、物品は一切置けません。

製造所等には保有空地を必要としないものもあります。また、必要とする製造所等でも、指定数量の倍数や建物の構造等によって確保すべき保有空地の幅が異なります。

プラスワン

保有空地には、空の容器や不燃性の物品だけでなく、危険物の取扱いに必要な物品でも置くことはできない。

保有空地を必要とする製造所等
● 製造所
● 屋内貯蔵所
● 屋外貯蔵所
● 屋外タンク貯蔵所
● 簡易タンク貯蔵所（屋外に設けるもの）
● 一般取扱所
● 移送取扱所（地上に設けるもの）

保安距離が必要な5施設に、屋外に設ける簡易タンク貯蔵所と地上に設ける移送取扱所が加わるだけだね。

たとえば製造所の保有空地の幅は、指定数量の倍数が10以下なら3m以上、10を超える場合は5m以上です。

保有空地

コレだけ!!

保安距離を必要とする施設	保有空地を必要とする施設
製造所	保安距離を必要とする施設
屋内貯蔵所	＋　屋外に設ける
屋外貯蔵所	簡易タンク貯蔵所
屋外タンク貯蔵所	＋　地上に設ける
一般取扱所	移送取扱所

理解度チェック○×問題

Key Point	できたら チェック ☑
保安距離	□□ 1　保安距離とは、製造所等の周囲に確保すべき空地のことをいう。
	□□ 2　重要文化財である建造物は、保安距離が50m以上とされている。
	□□ 3　学校、病院および劇場は、保安距離が20m以上とされている。
	□□ 4　保安距離が10m以上と定められているのは、製造所等の敷地外にある一般の住居である。
	□□ 5　重要文化財の絵画を保管している倉庫は、保安距離を確保しなければならない建築物である。
	□□ 6　使用電圧7,000Vを超える特別高圧架空電線は、保安対象物である。
	□□ 7　大学、短期大学は、保安距離が30m以上とされている。
	□□ 8　保安距離が必要なタンク貯蔵所は、屋外タンク貯蔵所のみである。
	□□ 9　屋内貯蔵所と販売取扱所は、どちらも保安距離が必要である。
保有空地	□□10　保有空地は、火災時の消防活動や延焼防止のために確保される。
	□□11　不燃性の物品であれば、保有空地に置くことができる。
	□□12　保有空地を必要とするいずれの製造所等においても、確保すべき保有空地の幅は同一である。
	□□13　屋外に設ける簡易タンク貯蔵所は、保有空地を必要とする。
	□□14　屋外貯蔵所と屋外タンク貯蔵所は、どちらも保有空地が必要である。
	□□15　製造所、屋内タンク貯蔵所、一般取扱所は、すべて保有空地を必要とする。

解答・解説

1.× 保安距離ではなく、保有空地の説明である。　2.○　3.× 20mではなく30m以上。　4.○　5.× 建築物自体が重要文化財等でなければ不要。　6.○　7.× 大学と短期大学は保安対象物に含まれない。　8.○　9.×販売取扱所は必要ない。　10.○　11.× たとえ不燃性の物品でも保有空地には置くことができない。　12.×指定数量の倍数や建物の構造等によって異なる。　13.○　14.○　15.× 屋内タンク貯蔵所は必要ない。

ここが狙われる！

保安距離や保有空地を必要とする製造所等の種類を確実に覚えること。保安距離については、保安対象物ごとに定められている距離も覚えておこう。

Lesson 8 主な危険物施設の基準

受験対策 危険物施設ごとの位置・構造・設備の基準は、政令と規則によって細かく定められていますが、丙種の試験で出題される施設は限られています。異なる種類の施設に共通する基準も多いので、その点に注意しながら学習しましょう。

1コマ 丙種劇場・その14

あっ、タンクローリーだ！

移動タンク貯蔵所は一般にタンクローリーと呼ばれています。

1 製造所

製造所の建物の構造・設備とその基準は次の通りです。

製造所をはじめとする各危険物施設の定義はLesson 3で学習しました。
▶p66

■製造所の建物

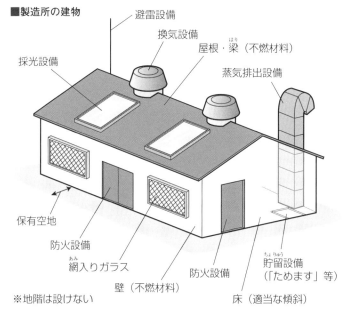

避雷設備
換気設備
屋根・梁（不燃材料）
蒸気排出設備
採光設備
保有空地
防火設備
網入りガラス
壁（不燃材料）
防火設備
貯留設備（「ためます」等）
床（適当な傾斜）
※地階は設けない

■製造所の建物の構造・設備の主な基準

屋根	不燃材料でつくり、金属板等の軽量な不燃材料でふく（建物内で爆発が起きても爆風が上に抜けるようにするため）
壁・柱・床・梁・階段	● 不燃材料でつくる ● 延焼のおそれのある外壁は、出入口以外に開口部がない耐火構造にする
窓・出入口	● 防火設備を設ける（延焼のおそれのある外壁の出入口は、自閉式の特定防火設備） ● ガラスを用いる場合は網入りガラスとする
床 （液状危険物を取り扱う建物）	● 危険物が浸透しない構造とする ● 適当な傾斜をつけ、漏れた危険物を一時的に貯留する設備（「ためます」等）を設ける
地階	設置できない
採光・換気等	危険物の取扱いに必要な採光、照明および換気の設備を設ける
排出設備	可燃性の蒸気や微粉を、屋外の高所に排出する設備を設ける
避雷設備	指定数量が10倍以上の施設に設ける

2 屋内貯蔵所

屋内貯蔵所の貯蔵倉庫の屋根、窓・出入口、床、採光・換気等の基準は、製造所の建物の構造・設備の基準とほぼ同じです。異なる点だけをまとめておきましょう。

軒高	6m未満の平屋建（2階以上を設けない）
床面積	1,000m²以下
屋根	天井は設けない（吹き抜け屋根）
壁・柱・床・梁	● 壁・柱・床は耐火構造、梁は不燃材料でつくる ● 床は地盤面よりも上につくる ● 延焼のおそれのある外壁は、出入口以外に開口部がない壁にする
排出設備	引火点70℃未満の危険物の貯蔵倉庫には、内部に滞留した可燃性蒸気を屋根上に排出する設備を設ける
架台	● 不燃材料でつくる ● 堅固な基礎に固定する

用語

不燃材料
通常の火災では燃焼しないコンクリートや石などの不燃性の材料。

耐火構造
鉄筋コンクリート造り、レンガ造りなど、火災による建築物の倒壊や延焼を防止するための構造。

第3章 危険物に関する法令

用語

架台
危険物を収納した容器を貯蔵する棚。

不燃材料
落下防止用鎖

3 移動タンク貯蔵所

移動タンク貯蔵所（タンクローリー）については、車両を駐車する常置場所のほか、構造・設備について以下のような基準が定められています。

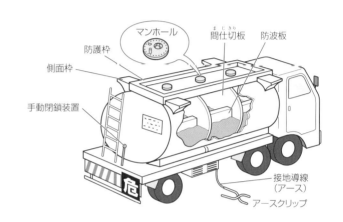

移動貯蔵タンク内がいくつかのタンク室に仕切られていることで、複数の危険物を積み分けることができるんですね。

輸送中の液揺れや、事故の際の危険物の流出などを最小限に抑える効果もあるんですよ。

🗋 用語

移動貯蔵タンク
移動タンク貯蔵所の車両に固定されているタンクのこと。

タンク室
移動貯蔵タンク内の間仕切りによって仕切られたそれぞれの部分のこと。

常置場所	屋外…防火上安全な場所 屋内…壁・床・梁および屋根を耐火構造または不燃材料でつくった建築物の1階
タンクの容量と間仕切	● 移動貯蔵タンクの容量は30,000 L以下 ● 4,000 L以下ごとに完全に区切る間仕切板を設ける
タンクの材料と錆止め	● 厚さ3.2mm以上の鋼板等でつくる ● タンクの外面には錆止めの塗装をする
防波板・安全装置等	● 容量2,000 L以上のタンク室には、防波板を移動方向と平行に2カ所設ける ● タンク室それぞれに、マンホール、安全装置を設ける
排出口	● 移動貯蔵タンクの下部に排出口を設ける場合は、排出口に底弁を設ける ● 非常時には直ちに底弁を閉鎖できる手動閉鎖装置と自動閉鎖装置を設ける
配管	● 先端部に弁などを設ける
接地導線	● ガソリンなど静電気による災害発生のおそれがある液体危険物の移動貯蔵タンクには接地導線（アース）を設ける
表示設備	車両の前後の見やすい箇所に「危」と表示する ●p98

4 給油取扱所

①給油取扱所の構造・設備の基準

　給油取扱所の給油設備は固定給油設備とし、そのホース機器の周囲には、給油したり自動車等が出入りしたりするための空地を保有しなければなりません。これを給油空地といいます。また、灯油や軽油を容器に詰め替えるための固定注油設備を設ける場合には、そのホース機器の周囲に注油空地を給油空地以外に保有する必要があります。

　給油取扱所には、給油またはこれに附帯する業務に必要な建築物以外は設置することができません。給油に支障があると認められる設備も同様です。

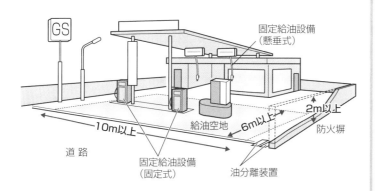

固定給油設備（懸垂式）
GS
2m以上
10m以上
給油空地　6m以上
防火塀
道路
固定給油設備（固定式）
油分離装置

　構造・設備の主な基準をまとめておきましょう。

給油空地	間口10m以上、奥行6m以上
危険物を取り扱うタンク	固定給油設備または固定注油設備に接続する専用タンクや容量10,000L以下の廃油タンク等を地盤面下に設置する（構造等は地下貯蔵タンクの基準が準用され通気管や漏えい検査管、液面計などが設けられる）
壁・柱・床・梁・屋根	耐火構造または不燃材料でつくる
窓・出入口	防火設備を設ける
塀・壁	給油取扱所の周囲には火災被害の拡大防止のため、耐火構造または不燃材料でつくられた高さ2m以上の塀または壁を設ける（自動車等が出入りする側は除く）

②屋内給油取扱所

屋内給油取扱所とは、給油取扱所のうち建築物内に設置するものをいいます。その位置、構造および設備については一般の給油取扱所の基準（壁・柱・床等の基準は除く）が準用されるほか、次のように定められています。

プラスワン

屋内給油取扱所に使用する部分の窓および出入口には、**防火設備**を設けなければならない。また、事務所等の窓および出入口にガラスを用いる場合には**網入りガラス**にする必要がある。

内部に設置できない施設	病院や福祉施設等を設置してはならない
壁・柱・床・梁・屋根	耐火構造とする（ただし、屋内給油取扱所の上部に上階がない場合は、屋根を不燃材料でつくることができる）
上部に上階がある場合	危険物の漏えい拡大と上階への延焼を防止するための措置をとる
区画	屋内給油取扱所に使用する部分とそれ以外とは、開口部のない耐火構造の床または壁で区画する
専用タンク	危険物の過剰な注入を自動的に防止する設備を設ける

③顧客に自ら給油等をさせる給油取扱所

一般にはセルフ型スタンドと呼んでいます。給油取扱所および屋内給油取扱所についての基準に加え、次のような特例基準があります。

重要

危険物の品目ごとに異なる彩色
- ハイオクガソリン（ハイオク）
  ⇒ 黄色
- レギュラーガソリン（レギュラー）
  ⇒ 赤色
- 軽油 ⇒ 緑色
- 灯油 ⇒ 青色

表示	給油取扱所に進入する際の見やすい箇所にセルフ型スタンドである旨を表示
顧客用の固定給油設備および固定注油設備	● 1回の連続した給油（注油）量の上限を設定する ● 燃料タンクの満量時に、ホース先端部に備えた給油（注油）ノズルが自動的に停止する ● 直近に、ホース機器等の使用方法や危険物の品目を表示。危険物の品目ごとに異なる彩色をする ● 周囲の地盤面に、自動車等の停止位置や容器の置き場所を表示 ● 自動車等の衝突防止のためポール等を設ける

給油取扱所に設けるもの
- 給油空地
  間口10m以上、奥行6m以上
- 注油空地
  固定注油設備がある場合に、給油空地以外に設ける

理解度チェック○×問題

Key Point		できたら チェック ☑
製造所	□□ 1	製造所の建物の屋根は、不燃材料でつくるとともに、金属板その他の重厚な不燃材料でふく。
	□□ 2	製造所の建物には、危険物を取り扱うのに必要な採光、照明および換気の設備を設けなければならない。
屋内貯蔵所	□□ 3	屋内貯蔵所の貯蔵倉庫に設ける架台は、耐火構造のものとする。
	□□ 4	屋内貯蔵所の貯蔵倉庫の窓および出入口には、防火設備を設けなければならない。
移動タンク貯蔵所	□□ 5	移動タンク貯蔵所の常置場所を屋内にする場合は、耐火構造または不燃材料でつくった建築物の1階でなければならない。
	□□ 6	移動貯蔵タンクの容量は3,000L以下とされている。
	□□ 7	移動貯蔵タンクの配管には、先端部に弁等を設ける必要がある。
	□□ 8	接地導線は、すべての移動貯蔵タンクに設けなければならない。
給油取扱所	□□ 9	間口10m以上、奥行6m以上の給油空地を必要とする。
	□□10	給油取扱所の専用タンクの容量は、10,000L以下とされている。
	□□11	給油取扱所には、給油またはこれに附帯する業務に必要な建築物以外は設置することができない。
	□□12	屋内給油取扱所を設置する建築物は、その内部に病院や福祉施設等を有しないものでなければならない。
	□□13	顧客用固定給油設備の給油ノズルは、自動車等の燃料タンクが満量になったとき給油を自動的に停止する構造でなければならない。
	□□14	顧客用固定給油設備等の直近には、事故発生時における補償の範囲について表示しなければならない。

第3章　危険物に関する法令

解答・解説

1.× 重厚ではなく軽量な不燃材料。 2.○ 3.× 架台は不燃材料でつくる。 4.○ 5.○ 6.× 3,000Lではなく30,000L以下。 7.○ 8.× 静電気による災害発生のおそれがある液体危険物の移動貯蔵タンクに設ける。 9.○ 10.× 廃油タンクの容量は10,000L以下とされているが、専用タンクには容量の制限がない。 11.○ 12.○ 13.○ 14.× ホース機器等の使用方法や危険物の品目を表示する。

ここが狙われる！

製造所等の構造・設備の基準についてよく出題されるのは、移動タンク貯蔵所と給油取扱所である。特に、長さや量などが数値で定められているものに注意しよう。

Lesson 9 標識・掲示板

受験対策 製造所等には、危険物製造所等であることを示す標識や防火に必要な事項を掲示する掲示板を設ける必要があり、これらの大きさや文字の色、地の色等が決まっています。ガソリンスタンド等で実物を確認しておきましょう。

1コマ 内種劇場・その15

タンクローリーの標識は大き過ぎてもダメです。

40cm四方までですね。

1 標　識

　製造所等は、見やすい箇所に**危険物の製造所等である旨**を示す標識を設けなければなりません。

　標識は次の①と②に区分されます。

①製造所等（移動タンク貯蔵所を除く）

- 標識➡幅0.3m以上、長さ0.6m以上の板。
- 標識の色➡地は白色、文字は黒色。
- 「危険物給油取扱所」などと名称を表示。

②移動タンク貯蔵所（タンクローリー）

- 標識➡1辺0.3m以上0.4m以下の正方形の板。
- 標識の色➡地は黒色、文字は黄色の反射塗料等で「危」と表示する。
- 車両の前後の見やすい箇所に掲げる。

0.3m以上

0.6m以上

白色の地
黒色の文字

0.3m以上0.4m以下

0.3m以上0.4m以下

黒色の地
黄色(反射塗料)の文字

プラスワン

指定数量以上の危険物を移動タンク貯蔵所以外の車両で運搬（●Lesson 12）する場合にも、その車両の前後の見やすい箇所に「危」と表示した標識を掲げる必要がある。標識は1辺0.3mの正方形に限られ、色は移動タンク貯蔵所の標識と同じである。

2 掲示板

　製造所等には標識のほかに、防火に関し必要な事項を掲示した掲示板（けいじばん）を見やすい箇所に設ける必要があります。掲示板には次の①〜④があります。

● 掲示板➡すべて幅0.3m以上、長さ0.6m以上の板。

①危険物等を表示する掲示板

● 掲示板の色➡地は白色、文字は黒色。
● 次の事項を表示する。

> ・危険物の類
> ・危険物の品名
> ・貯蔵（取扱い）最大数量
> ・指定数量の倍数
> ・危険物保安監督者の氏名（職名）
> ※危険物保安監督者名は職名でもよい

├── 0.3m以上 ──┤

危険物の種別　第四類
危険物の品名　第一石油類（ガソリン）
貯蔵最大数量　五○○○L（二五倍）
危険物保安監督者　山本一郎

0.6m以上

白色の地 黒色の文字

②注意事項を表示する掲示板

　貯蔵または取り扱う危険物の性状に応じて、次のような注意事項を表示する掲示板を設ける。

掲示板	危険物	
0.3m以上／0.6m以上　**禁水**　青色の地 白色の文字	第1類危険物	（アルカリ金属の過酸化物またはこれを含有するもの）
	第3類危険物	（禁水性物品、アルキルアルミニウム、アルキルリチウム）
0.3m以上／0.6m以上　**火気注意**　赤色の地 白色の文字	第2類危険物	（引火性固体以外のすべて）
0.3m以上／0.6m以上　**火気厳禁**　赤色の地 白色の文字	第2類危険物	（引火性固体）
	第3類危険物	（自然発火性物品、アルキルアルミニウム、アルキルリチウム）
	第4類危険物	
	第5類危険物	

プラスワン

掲示板および長方形の標識は横長にしてもかまわない。この場合、文字は横書きとする。

プラスワン

危険物保安監督者を表示するのは、選任を必要とする次の4つ。

● 製造所
● 屋外タンク貯蔵所
● 給油取扱所
● 移送取扱所

丙種（へいしゅ）危険物取扱者が取り扱える第4類危険物の注意事項は「**火気厳禁**」です。

③「給油中エンジン停止」の掲示板

給油取扱所に限り、「給油中エンジン停止」と表示した掲示板を設ける。

● 掲示板の色➡地は黄赤色、文字は黒色。

④タンク注入口、ポンプ設備の掲示板

引火点が21℃未満の危険物を貯蔵または取り扱う屋外タンク貯蔵所、屋内タンク貯蔵所、地下タンク貯蔵所のタンク注入口およびポンプ設備には「屋外貯蔵タンク注入口」「屋外貯蔵タンクポンプ設備」等と表示するほか、次の事項を表示した掲示板を設ける。

・危険物の類
・危険物の品名
・注意事項

前ページ②の掲示板と同様、危険物の性状に応じた注意事項を表示する。

● 掲示板の色➡地は白色、文字は黒色。注意事項だけは文字が赤色。

給油中エンジン停止

0.3m以上 / 0.6m以上

黄赤色の地
黒色の文字

屋外貯蔵タンク注入口
第四類第一石油類
火気厳禁

0.3m以上 / 0.6m以上

白色の地
黒色の文字
注意事項は赤色

コレだけ!!

標識
● 製造所等は、見やすい箇所に、**危険物の製造所等である旨**を示す標識を設ける
● **移動タンク貯蔵所**だけは、車両の前後の見やすい箇所に、「**危**」と表示する

掲示板
● **第４類危険物**の注意事項は、「**火気厳禁**」

理解度チェック○×問題

Key Point	できたら チェック ☑
標　識	□□ 1　標識とは、防火に関する必要な事項を掲示したものをいう。
	□□ 2　製造所等は、見やすい箇所に、危険物の製造所等である旨を示す標識を設けなければならない。
	□□ 3　製造所等のうち、移動タンク貯蔵所だけは標識を設ける必要がない。
	□□ 4　移動タンク貯蔵所を除く製造所等の標識の色は、地が白色で文字が黒色でなければならない。
	□□ 5　移動タンク貯蔵所の標識は、車両の常置場所に掲げる必要がある。
	□□ 6　移動タンク貯蔵所以外で指定数量以上の危険物を運搬する車両にも、黒地に黄色の反射塗料等で「危」と表示した標識が必要である。
掲示板	□□ 7　製造所等には標識のほかに、防火に関し必要な事項を掲示した掲示板を見やすい箇所に設ける必要がある。
	□□ 8　掲示板は1辺0.3m以上0.4m以下の正方形の板と定められている。
	□□ 9　第4類危険物についての注意事項は、「火気注意」である。
	□□10　製造所等のうち、給油取扱所に限り、「給油中エンジン停止」と表示した掲示板を設けなければならない。

解答・解説

1.× これは標識ではなく掲示板の説明。　2.○　3.×「危」と表示した標識を設ける。　4.○　5.× 車両の前後の見やすい箇所に掲げる。　6.○　7.○　8.× 幅0.3m以上、長さ0.6m以上の板。　9.×「火気注意」ではなく「火気厳禁」。　10.○

ここが狙われる！

丙種の試験では、標識または掲示板の問題が単独で出題されることは少ないが、危険物施設ごとの基準を問う問題の中で、肢として出題されることが多い。移動タンク貯蔵所の「危」の標識や、第4類危険物の注意事項が「火気厳禁」であることなどは確実に覚えよう。

第3章　危険物に関する法令

消火設備

製造所等に設置が義務付けられる消火設備は、第1種～第5種の5種類に分かれます。種別ごとにどのような設備が含まれているのかを確実に覚えましょう。特に、第4種と第5種の消火設備の内容が重要です。

1コマ 丙種劇場・その16

よく見かけるのは第5種の小型消火器ですが、ほかにもあるんですよ。

消火設備って消火器のこと?

1 消火設備の種類

　製造所等には、その施設の規模や取り扱う危険物の種類または数量等に応じて、火災を有効に消火する消火設備の設置が義務付けられています。消火設備は第1種～第5種の5種類に大きく分けられます。

ゴロゴロ合わせ

消火設備の種類
センスよく
(第1種:○○消火栓
第2種:スプリンクラー)
消火設備は
(第3種:○○消火設備)
大と小
(第4種:大型消火器
第5種:小型消火器)

種別	消火設備の種類	設備の内容
第1種	消火栓設備	・屋内消火栓 ・屋外消火栓
第2種	スプリンクラー設備	・スプリンクラー
第3種	特殊消火設備	・水蒸気消火設備 ・水噴霧消火設備 ・泡消火設備 ・不活性ガス消火設備 ・ハロゲン化物消火設備 ・粉末消火設備
第4種	大型消火器	・大型消火器
第5種	小型消火器　その他	・小型消火器 ・水バケツ・水槽、乾燥砂　など

2 各消火設備の概要

①第1種消火設備（消火栓設備）

　消火栓の箱内や箱の近くに加圧送水ポンプ起動用ボタンがあります。また、消火栓の位置を示す赤色灯が設置されています。

　屋内消火栓は、製造所等の建物の階ごとに、階の各部分からホース接続口までの水平距離が25m以下となるように設置します。

　屋外消火栓は、防護対象物からホース接続口までの水平距離が40m以下となるように設置します。

②第2種消火設備（スプリンクラー設備）

　天井にめぐらした配管に一定の間隔でヘッド（噴出口）が設けられ、圧力のかかった水が末端まできています。熱に反応するとヘッドが自動的に開放され、シャワー状に噴水し消火します。

　防護対象物の各部分から1つのスプリンクラーヘッドまでの水平距離が1.7m以下となるように設置します。

③第3種消火設備（特殊消火設備）

　水蒸気または水噴霧、泡、不活性ガス（二酸化炭素、窒素など）、ハロゲン化物または粉末を消火剤として放射口から放射します。全固定式のほか、半固定式、移動式のものがあります。

　各消火剤の放射により火災が有効に消火できるように設置します。

水噴霧消火設備

④第4種消火設備（大型消火器）

　大型消火器はサイズが大きいため、車輪に固定積載されており、消火剤の量が多く放射時間が長い、放射距離範囲が広いといった特徴があります。

「○○消火栓」と名前のつくものはすべて第1種で、「○○消火設備」と名前のつくものはすべて第3種なんですね。

> **用語**
>
> 防護対象物
> 各消火設備によって消火すべき製造所等の建物、工作物および危険物のこと。

第3章　危険物に関する法令

重要

大型消火器・小型消火器の消火剤
消火器は、大型でも小型でも次の6種類の消火剤を放射するものがある。
①水（棒状、霧状）
②強化液（棒状、霧状）
③泡
④二酸化炭素
⑤ハロゲン化物
⑥消火粉末

屋外では消火器を風上から使用します。給油取扱所では、注油口の近くの風上となる場所を選んで消火器を配置しましょう。

プラスワン

第5種消火設備のみ設置すればよい施設
（表のCに該当）
● 地下タンク貯蔵所
● 簡易タンク貯蔵所
● 移動タンク貯蔵所
● 第1種販売取扱所

　大型消火器を設置するときは、原則として防護対象物から大型消火器までの歩行距離が30m以下となるようにしなければなりません。

⑤**第5種消火設備（小型消火器その他）**

　第5種消火設備には、小型消火器のほかに次のものが含まれます。

● 水バケツ
● 水槽
● 乾燥砂
● 膨張ひる石
● 膨張真珠岩

　第5種消火設備の設置については、移動タンク貯蔵所、給油取扱所その他一部の製造所等では有効に消火できる位置に設け、それ以外の製造所等では防護対象物から歩行距離が20m以下となるように設けることが原則とされています。

■大型消火器

■小型消火器

3 消火設備の設置

　製造所等はその規模や危険物の種類などによって消火の困難性が異なります。そのため、次のような区分に応じて設置すべき消火設備が定められています。

製造所等の区分		消火設備				
		第1種	第2種	第3種	第4種	第5種
A	著しく消火が困難な製造所等		△		○	○
B	消火が困難な製造所等	—	—	—	○	○
C	A・B以外のその他の製造所等					○

○…必ず設置しなければならない
△…いずれか1つを設置しなければならない

　なお、地下タンク貯蔵所と移動タンク貯蔵所の消火設備の設置については、特別に次のように定められています。

● **地下タンク貯蔵所**

　➡第5種の消火設備を2個以上

● **移動タンク貯蔵所**

　➡自動車用消火器のうち、3.5kg以上の粉末消火器、またはその他の消火器を2個以上（ただし、アルキルアルミニウム等を貯蔵または取り扱うものについては、さらに150L以上の乾燥砂等を設ける）。

4 所要単位と能力単位

①所要単位

　所要単位とは、その製造所等にどれくらいの消火能力をもった消火設備が必要かを判断する基準の単位です。

　所要単位は次の表に基づいて計算します。

製造所等の構造、危険物		1所要単位当たりの数値
製造所取扱所	外壁が耐火構造	延べ面積　100m²
	それ以外	延べ面積　50m²
貯蔵所	外壁が耐火構造	延べ面積　150m²
	それ以外	延べ面積　75m²
危険物		指定数量の　10倍

例　ある給油取扱所の事務所（外壁が耐火構造・延べ面積が320m²）の場合

　➡上の表より1所要単位当たりの延べ面積は100m²。

　　この事務所の所要単位は、

　　320÷100＝3.2単位　になります。

②能力単位

　能力単位とは、所要単位に対応する消火設備の消火能力を示す基準の単位です。それぞれの消火設備が、製造所等においてどれくらいの消火能力をもっているかを示します。

プラスワン

地下タンク貯蔵所と移動タンク貯蔵所は施設の規模や危険物の種類・指定数量の倍数にかかわらず左の消火設備を設置すればよいとされている。

第3章　危険物に関する法令

所要単位は、製造所等の構造や規模または危険物の量によって定められているんだ。

5 警報設備と避難設備

指定数量が10倍未満の製造所等では、警報設備は必要ありません。

火災や危険物の流出等、製造所等で事故が発生したとき、早期に従業員等に知らせなければなりません。

指定数量の10倍以上の危険物を貯蔵または取り扱う製造所等（移動タンク貯蔵所は除く）では、自動火災報知設備その他の警報設備の設置が義務付けられています。

警報設備は、次の5種類です。

サイレンは警報設備には入らないんだね。

自動火災報知設備　　消防機関に通報できる電話　　非常ベル装置

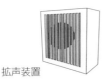

拡声装置　　　　　　警鐘

また、以下の給油取扱所では、火災時の避難が簡単ではないため、避難設備の設置も義務付けられています。

● 建築物の2階部分に店舗や飲食店等があるもの
● 一方向だけ開放されている屋内給油取扱所で、敷地外に直接通じる避難口が設けられた事務所等があるもの

これらには、「非常口」などと記した非常電源付きの電灯（誘導灯）を出入口や通路に設置します。

コレだけ!!

消火設備の種類

第1種	消火栓設備
第2種	スプリンクラー設備
第3種	特殊消火設備
第4種	大型消火器
第5種	小型消火器その他

第5種消火設備
● 小型消火器
● 水バケツ、水槽
● 乾燥砂
● 膨張ひる石、膨張真珠岩

理解度チェック○×問題

Key Point	できたら チェック ☑
消火設備の種類	□□ 1　消火設備は第1種から第6種まで区分されている。
	□□ 2　屋内消火栓と屋外消火栓は、第1種消火設備である。
	□□ 3　不活性ガス消火設備は、第2種消火設備である。
	□□ 4　消火粉末を放射する小型の消火器は、第5種消火設備である。
	□□ 5　泡を噴射する大型の消火器は、第5種消火設備である。
各消火設備の概要	□□ 6　大型消火器は、原則として防護対象物から歩行距離20m以下に設置する。
	□□ 7　小型消火器は、一部の製造所等を除き、原則として防護対象物から歩行距離20m以下に設置する。
	□□ 8　第5種の消火設備には、水バケツや乾燥砂なども含まれる。
消火設備の設置	□□ 9　地下タンク貯蔵所には、第5種の消火設備を2個以上設ける。
	□□10　移動タンク貯蔵所には、危険物の種類や指定数量の倍数に応じた数の消火設備を設置しなければならない。
所要単位	□□11　所要単位は、消火設備の設置対象となる製造所等の構造、規模または危険物の量によって定められている。
	□□12　危険物は、指定数量の100倍を1所要単位として計算する。
警報設備	□□13　警報設備には、自動火災報知設備、拡声装置、非常ベル装置、警鐘および消防機関に通報できる電話の5種類がある。
	□□14　指定数量の10倍の危険物を貯蔵する移動タンク貯蔵所には、警報設備を設けなければならない。

解答・解説

1.× 第5種までである。　2.○　3.× 第2種ではなく第3種。　4.○　5.× 大型消火器は第4種消火設備である。　6.× 20mではなく30m以下。　7.○　8.○　9.○　10.× 危険物の種類や倍数等にかかわらず、自動車用消火器のうち粉末消火器（3.5kg以上のもの）またはその他の消火器を2個以上設置する。　11.○　12.× 100倍ではなく10倍を1所要単位とする。　13.○　14.× 移動タンク貯蔵所に警報設備は不要。

ここが狙われる！

小型消火器など第5種の消火設備に含まれるものを確実に覚えること。地下タンク貯蔵所と移動タンク貯蔵所に設置する消火設備にも注意しておこう。所要単位と能力単位、警報設備と避難設備については、ざっと目を通す程度でよい。

貯蔵および取扱いの基準

危険物の貯蔵および取扱いについては、すべての製造所等の共通基準のほかに、貯蔵の基準、取扱いの基準というものが政令と規則で細かく定められています。試験に出題される主な基準について、しっかりと学習しましょう。

1コマ 丙種劇場 ● その17

1 共通基準

共通基準とは、すべての製造所等に共通する貯蔵または取扱いの基準です。特に重要とされる共通基準は次の通りです。

①許可や届出のなされた品名以外の危険物、または許可や届出のなされた数量（指定数量の倍数）を超える危険物の貯蔵・取扱いはできない。

②みだりに火気を使用したり、係員以外の者を出入りさせたりしてはいけない。

プラスワン

危険物の品名、数量または指定数量の倍数を変更する場合には、変更する10日前までに市町村長等に届け出なければならず、勝手に変更することは許されない。

③常に整理および清掃を行い、みだりに空箱などの**不必要な物件を置かない**。

④貯留設備または油分離装置に溜まった危険物は、あふれないように**随時汲み上げる**。

⑤危険物のくず、かす等は、1日に1回以上、その危険物の性質に応じて安全な場所・方法で処理する。

⑥危険物の貯蔵または取扱いをする建築物その他の工作物や設備は、その危険物の性質に応じて、有効な**遮光**または**換気を行う**。

⑦危険物が残存し、または残存しているおそれのある設備や機械器具、容器などを修理する場合には、**安全な場所で危険物を完全に除去した後に行う**。

⑧貯蔵・取扱いの際には危険物が漏れたり、あふれたり、飛散したりしないように**必要な措置を講じる**。

2 貯蔵の基準

①同時貯蔵の禁止

● 危険物の貯蔵所では、**危険物以外の物品の貯蔵**は原則禁止。

➡ ただし、屋内貯蔵所と屋外貯蔵所では、一定の危険物と危険物以外の物品を相互に1m以上の間隔を置いて貯蔵する場合は、例外として同時貯蔵が認められる。

● 類を異にする危険物も、同一の貯蔵所で同時に**貯蔵**するのは原則禁止。

➡ ただし、屋内貯蔵所と屋外貯蔵所では、一定の危険物につき、1m以上の間隔を置いて類ごとに取りまとめて貯蔵する場合は、例外として同時貯蔵が認められる。

②屋内貯蔵所・屋外貯蔵所の貯蔵の基準

● 屋内貯蔵所と屋外貯蔵所では、原則として、危険物を容器に収納して貯蔵する。

● 屋内貯蔵所では、容器に収納して貯蔵する危険物の温度が55℃を超えないようにする。

プラスワン

危険物があふれ出して下水道に流れ込むと火災予防上危険なので、必要に応じて危険物を汲み上げなければならない。

プラスワン

可燃性の蒸気が漏れるおそれのある場所などでは、電気器具と電線を完全に接続し、火花を発する機械器具や工具、履物等を使用しないようにする。

なお、ガソリンと軽油のように同じ第4類危険物どうしであれば、類を異にするものではないので同時貯蔵ができます。

- 屋内貯蔵所と屋外貯蔵所では、危険物を収納した容器を積み重ねる場合、原則として高さ3mを超えてはいけない。
- 屋外貯蔵所では、危険物を収納した容器を架台で貯蔵する場合、高さ6mを超えてはいけない。

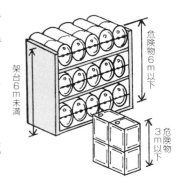

③タンク貯蔵所の貯蔵の基準

- 屋外貯蔵タンク、屋内貯蔵タンク、地下貯蔵タンクまたは簡易貯蔵タンクの計量口は、危険物を計量するとき以外は閉鎖する。また、屋外貯蔵タンク、屋内貯蔵タンクまたは地下貯蔵タンクの元弁および注入口の弁またはふたは、危険物を出し入れするとき以外は閉鎖する。
- 屋外貯蔵タンクの周囲に設ける防油堤の水抜口は、通常は閉鎖しておき、防油堤の内部に滞油または滞水したときには遅滞なく排出する。

■屋外貯蔵タンクの防油堤

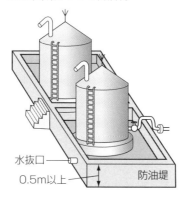

水抜口
0.5m以上
防油堤

- 引火点をもつ液体危険物の貯蔵タンクの場合、防油堤の容量は、**タンク容量の110%以上**とする
- 防油堤の高さは0.5m以上とする
- 内部に溜まった水を排出するための水抜口と、これを開閉する弁を設ける

④移動タンク貯蔵所の貯蔵の基準

- 移動タンク貯蔵所（タンクローリー）は、危険物の移送のために移動する車両なので、路上での立入検査等に対応するため、次の書類を常に車両に備え付けておく。

用語

タンクの元弁
液体の危険物を移送する配管に設けられた弁のうち、タンクの直近にあるものをいう。

計量口や水抜口、弁など、閉鎖できるものは、危険物があふれ出ないよう、「使わないときは閉鎖」が原則です。

1）完成検査済証
2）定期点検記録
3）譲渡・引渡しの届出書
4）品名、数量または指定数量の倍数の変更届出書

重要

「写し」はダメ
車両に備え付けておく書類は原本であって、「写し（コピー）」ではダメである。

- 移動貯蔵タンクには、取り扱う危険物の類、品名および最大数量を表示する。
- 移動貯蔵タンクの底弁は、使用時以外は完全に閉鎖する。

3 取扱いの基準

①廃棄の技術上の基準

　危険物の取扱いのうち製造、詰替え、消費、廃棄については、特別な技術上の基準が定められています。特に重要な廃棄に関する基準は次の通りです。

- 危険物は、海中または水中に投下したり流出させたりしてはいけない。
- 焼却する場合は、安全な場所で、燃焼や爆発による危害をほかに及ぼすおそれのない方法で行い、必ず見張人をつける。
- 埋没する場合は、危険物の性質に応じて安全な場所で行う。

プラスワン

詰替えの技術上の基準は次の通り。

- 危険物を容器に詰め替える場合は、所定の容器に収納し、防火上安全な場所で行う。

②給油取扱所の取扱いの基準

- 給油するときは、必ず自動車等のエンジンを停止させる。
- 固定給油設備（計量機）を使用して自動車等に直接給油する。手動ポンプ等を使って容器から給油するようなことは認められない。
- 自動車等の一部または全部が給油空地からはみ出したままで給油してはいけない。
- 給油取扱所の専用タンクや簡易タンクに危険物を注入す

「給油中エンジン停止」という掲示板も必要なんですよね！

プラスワン

給油取扱所において、ガソリンを容器に詰め替えて販売することはできるが、その際、次の取扱いが求められる。

①消防法令で定められた容器の使用
②購入者の身分確認
③使用目的の確認
④販売記録の作成

プラスワン

ガソリンなど静電気（せいでんき）による災害発生のおそれがある液体危険物の移動貯蔵タンクには接地導線を設ける。 ▶p94

る場合には、そのタンクに接続している**固定給油設備**または**固定注油設備**の使用を中止する。

- 自動車等の洗浄を行う場合には、引火点を有する液体洗剤は使用不可。

③**移動タンク貯蔵所の取扱いの基準**

- **移動貯蔵タンク**からほかのタンクに**引火点40℃未満**の危険物を注入するときは、移動タンク貯蔵所のエンジンを停止する。

タンクへ危険物を注入中は給油できません。

- **移動貯蔵タンク**から液体危険物を容器に詰め替えることは、原則禁止。ただし、**引火点40℃以上**の**第4類危険物**（**重油**など）に限り、一定の方法に従えば詰替えが可能となる。

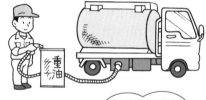

荷下ろし中は緊急事態に対応できるよう、移動タンク貯蔵所の付近から離れないようにします。

コレだけ!!

貯蔵・取扱いの基準

危険物のくず等の廃棄	1日に1回以上
貯留設備等に溜まった危険物	随時汲み上げ
機械器具等の修理	危険物除去後に行う
類を異にする危険物の同時貯蔵	原則禁止
タンクの計量口	閉鎖
防油堤の水抜口	

理解度チェック○×問題

Key Point	できたら チェック ☑
共通基準	□□ 1　製造所等においては、みだりに火気を使用してはならない。
	□□ 2　危険物のくず等は、1週間に1回以上、安全な場所で廃棄する。
	□□ 3　危険物が残存している設備等を修理するときは、その危険物に注意しながら作業を行う。
	□□ 4　製造所等においては、常に整理および清掃を行い、みだりに空箱等の不必要な物件を置かない。
	□□ 5　油分離装置に溜まった危険物は、下水道に流して処理する。
貯蔵の基準	□□ 6　貯蔵所には、原則として危険物以外の物品を貯蔵してはならない。
	□□ 7　類を異にする危険物は、原則として同一の貯蔵所では貯蔵できない。
	□□ 8　屋内貯蔵所では、容器に収納して貯蔵する危険物の温度が40℃を超えないよう必要な措置を講じなければならない。
	□□ 9　地下貯蔵タンクの計量口は、計量するとき以外は閉鎖しておく。
	□□10　屋外貯蔵タンクの防油堤は、雨水が滞水しないように水抜口を常に開放しておく。
	□□11　移動タンク貯蔵所には、完成検査済証等の書類を備え付けておく。
取扱いの基準	□□12　危険物の廃棄を焼却の方法で行う場合、周囲に危害を及ぼすおそれがなければ見張人をつける必要はない。
	□□13　給油取扱所において、自動車等に給油するときは、当該自動車等のエンジンを停止させなければならない。
	□□14　移動貯蔵タンクからほかのタンクに引火点40℃未満の危険物を注入するときは、移動タンク貯蔵所のエンジンを停止する必要がある。

第3章　危険物に関する法令

解答・解説

1.○　2.× 1日に1回以上である。　3.× 安全な場所で危険物を完全に除去した後に作業を行う。　4.○　5.× あふれないように随時汲み上げる。　6.○　7.○　8.× 40℃ではなく55℃。　9.○　10.× 排出時以外は閉鎖しておく。　11.○　12.× 見張人は常に必要とされる。　13.○　14.○

ここが狙われる！

丙種の試験では、政令等が定める基準のうち基礎的なものが出題されるほか、第2章で学習した危険物の性質から導かれる火災予防方法についてもあわせて出題されることがあるので、しっかり復習しておこう。

Lesson 12 運搬および移送の基準

受験対策

危険物を一般のトラックなどで輸送する「運搬」と、移動タンク貯蔵所で輸送する「移送」について、政令等が定めている基準を学習します。運搬の基準、移送の基準ともに細かな点まで出題されるので、確実に理解しましょう。

1コマ 丙種劇場・その18

「移送」は違います。

「運搬」と……

重要

危険物の貯蔵・取扱いと運搬

危険物の貯蔵・取扱いが消防法による規制を受けるのは危険物が指定数量以上の場合であって、指定数量未満の場合は各市町村の条例によって規制される。これに対し、危険物の運搬は指定数量とは関係なく消防法による規制を受ける。移動タンク貯蔵所による移送は危険物の貯蔵・取扱いであって運搬ではない。

---

1 運搬の基準

　危険物の運搬とは、タンクローリー等の専門車両ではなく、トラックなどの車両によって危険物を輸送することをいいます。移動タンク貯蔵所による「移送」（●2）は運搬には含まれません。運搬は危険物が指定数量未満の場合でも消防法による規制を受けます。

　運搬についての基準は運搬容器、積載方法および運搬方法に分けて規定されています。

①運搬容器

● 運搬容器の構造は堅固で容易に破損するおそれがなく、容器の口から危険物が漏れないものにする。

● 運搬容器の材質は鋼板、ア

ルミニウム板、ガラスなど規則で定められたものに限る。

②積載方法

- 危険物は原則として運搬容器に収納して積載する。
- 収納するときは、温度変化等により危険物が漏れないように運搬容器を密封する。

> **固体**の危険物は、内容積の95%以下の収納率とする。
> **液体**の危険物は98%以下の収納率で、55℃の温度でも漏れないように空間容積を十分にとる。

- 運搬容器の外部には、次の事項を表示する。

1）危険物の品名、危険等級、化学名。第4類危険物の水溶性のものには「水溶性」と表示
2）危険物の数量
3）収納する危険物に応じた注意事項

火気厳禁
第一石油類
危険等級Ⅱ
ガソリン
20 L

	危険物の類別等	注意事項
第1類危険物	ほとんどすべて（一部例外）	火気・衝撃注意、可燃物接触注意
第2類危険物	引火性固体以外（一部例外）	火気注意
	引火性固体のみ	火気厳禁
第3類危険物	自然発火物品	空気接触厳禁、火気厳禁
	禁水性物品	禁水
第4類危険物	すべて	火気厳禁
第5類危険物	すべて	火気厳禁、衝撃注意
第6類危険物	すべて	可燃物接触注意

- 運搬容器が落下、転倒、破損しないように積載する。
- 運搬容器は、収納口を上方に向けて積載する。
- 運搬容器を積み重ねる場合は、高さ3m以下とする。

プラスワン

危険物を収納する運搬容器は、収納する危険物と危険な反応を起こさないなど、危険物の性質に適応した材質でなければならない。

第3章　危険物に関する法令

用語

危険等級
危険物を危険性の程度に応じて区分した3段階の等級のこと。たとえば、第4類危険物は次のように区分されている。

- 危険等級Ⅰ
  特殊引火物
- 危険等級Ⅱ
  第1石油類
  アルコール類
- 危険等級Ⅲ
  上記以外のもの

ガソリンの場合は第1石油類なので危険等級Ⅱ、灯油などは危険等級Ⅲです。

- 特定の危険物については、その性質に応じた次のような措置を必要とする。

特定の危険物	必要な措置
第1類危険物、第3類危険物の自然発火性物品、第4類危険物の特殊引火物、第5類危険物、第6類危険物	日光の直射を避けるため遮光性の被覆で覆う
第1類危険物のアルカリ金属の過酸化物、第2類危険物の鉄粉・金属粉・マグネシウム、第3類危険物の禁水性物品	雨水の浸透を防ぐため防水性の被覆で覆う
第5類危険物の55℃以下の温度で分解するおそれのあるもの	保冷コンテナに収納するなど、適正な温度管理をする

- 類を異にする危険物を同一車両に積載することは、原則として禁じられている（混載禁止）。ただし、次の表の○印の危険物については混載が認められる。

危険物の類	第1類	第2類	第3類	第4類	第5類	第6類
第1類		×	×	×	×	○
第2類	×		×	○	○	×
第3類	×	×		○	×	×
第4類	×	○	○		○	×
第5類	×	○	×	○		×
第6類	○	×	×	×	×	

　また、指定数量の10分の1以下の危険物は、この表とは関係なく、類を異にする危険物であっても混載可能。

③運搬方法
- 危険物を収納した運搬容器に著しい摩擦や動揺が起きないようにする。
- 運搬中に危険物が著しく漏れるなど災害が発生するおそれのある場合は、応急の措置を講じるとともに、最寄りの消防機関等に通報する。

プラスワン

危険物は、類を異にする危険物だけでなく**高圧ガスとの混載も禁止**されている。ただし、内容積120L未満の容器に充てんされた不活性ガスなどは例外として混載が認められる。

要

類を異にしても混載できる危険物
足して7になる組合せは混載可能。
その他、2類・4類・5類はそれぞれ混載可能。

1類｜6類
2類｜5類 4類
3類｜4類
4類｜3類 2類 5類
5類｜2類 4類
6類｜1類

ゴロ合わせ

ラッキーセブンは
　　（足して7）
　ツ　ヨ　イ
（2類）（4類）（5類）

● 指定数量以上の危険物を運搬する場合には、次の基準が適用される。

> 1）「危」と表示した標識^{ひょうしき}を車両の前後の見やすい箇所に掲げる。
> 2）積替え、休憩、故障等のために車両を一時停止させるときは安全な場所を選び、運搬する危険物の保安に注意する。
> 3）運搬する危険物に適応する消火設備を備える。

指定数量以上の運搬	標識・消火設備の設置義務あり
指定数量未満の運搬	標識・消火設備の設置義務なし

● 危険物の運搬を行う場合、危険物取扱者の車両への乗車は不要。

2 移送の基準

移送とは、移動タンク貯蔵所によって危険物を輸送することをいいます。移送に関する基準は次の通りです。

①危険物を移送する移動タンク貯蔵所には、**その危険物の取扱いができる資格**をもった危険物取扱者を乗車させる。

②移送する移動タンク貯蔵所に乗車する危険物取扱者は、**危険物取扱者免状を携帯**する。

③危険物を移送する者は、**移送開始前**に移動貯蔵タンクの底弁^{そこべん}、マンホールおよび注入口のふた、消火器等の点検を十分に行う。

危険物取扱者

重要

運搬の基準と
指定数量
運搬については指定数量と関係なく消防法の規制を受けるのが原則だが、**標識**と**消火設備**に関しては指定数量以上の場合にだけ備えるものとされている。

危険物の運搬について市町村長等や消防長・消防署長に許可や承認の申請をしたり届出をしたりする手続きは不要です。

プラスワン

消防吏員^{りいん}（▶p123）または警察官が移動タンク貯蔵所を停止させて免状の提示を求めることがあるため、免状は携帯していなければならない。事務所で保管したり、免状の**写し**を携帯したりしてもだめである。

プラスワン

移送の際に車両に備え付けておく書類には、次のものがある。
- 完成検査済証
- 定期点検記録
- 譲渡・引渡届出書
- 品名等変更届出書

これらも写しの備付けではだめである。

④下記のように、長時間にわたるおそれのある移送の場合は、2人以上の運転要員が必要。

> 連続運転時間が4時間を超える移送
> または1日当たり9時間を超える移送

がこれに当たる。

⑤アルキルアルミニウム等を移送する場合には、移送経路等を記載した書面を関係消防機関に送付し、その書面の写しを携帯する。しかし、それ以外の移送の場合は、移送経路等を記載した書面を消防機関に送付する等の手続きは不要。

一時停止をする場合と、災害が発生するおそれのある場合の基準は、運搬の基準と同じです。

コレだけ!!

運　搬	移　送
● 指定数量未満でも消防法の規制 ● 容器に表示（品名、危険等級、化学名、数量、注意事項） ● 類を異にする危険物の混載禁止 （第4類危険物は、第2類・第3類・第5類危険物と混載可能） ● 指定数量以上の場合だけ標識、消火設備の設置	● 危険物の貯蔵・取扱いに該当 ● 危険物取扱者の乗車 （移送する危険物を取り扱える危険物取扱者） ● 危険物取扱者免状の携帯 ● 書類の備付け 完成検査済証、定期点検記録、譲渡・引渡届出書、品名・数量等の変更届出書

理解度チェック○×問題

Key Point		できたら チェック ☑
危険物の運搬	□□ 1	危険物の運搬とは車両によって危険物を輸送することをいい、移動タンク貯蔵所による移送も運搬に含まれる。
	□□ 2	運搬は、危険物が指定数量未満でも消防法による規制を受ける。
	□□ 3	危険物の運搬について、積載方法と運搬方法の基準は定められているが、運搬容器の基準は定められていない。
積載方法	□□ 4	危険物を運搬容器に収納するときは、温度変化等によって漏れないよう密封しなければならない。
	□□ 5	運搬容器の外部には危険物の品名、危険等級、数量、注意事項等を表示して積載しなければならない。
	□□ 6	第4類と第1類の危険物は、指定数量の10分の1を超えると混載することができない。
	□□ 7	運搬容器は、収納口を上方または横に向けて車両に積載する。
運搬方法	□□ 8	指定数量以上の危険物を運搬する場合には、「危」と表示した標識を掲げるほか、消火設備を備える必要がある。
	□□ 9	指定数量以上の危険物の運搬は、危険物取扱者が行う必要がある。
危険物の移送	□□10	移動タンク貯蔵所による危険物の移送の場合は、その危険物を取り扱うことのできる危険物取扱者が車両に乗車しなければならない。
	□□11	危険物を移送する危険物取扱者は、免状を携帯する必要がある。
	□□12	移動タンク貯蔵所には完成検査済証等の写しを備え付ければよい。
	□□13	休憩、故障等のために車両を一時停止させるときは、消防長または消防署長の承認を得なければならない。

解答・解説

1.× 移送は運搬には含まれない。　2.○　3.× 運搬容器の基準も定められている。　4.○　5.○　6.○ 指定数量の10分の1を超えると、第4類は、第1類または第6類とは混載できない。　7.× 横積みはできない。　8.○　9.× 指定数量と関係なく、危険物の運搬は危険物取扱者でない者でもできる。　10.○　11.○　12.× 写しの備付けは認められない。　13.× 運搬の場合と同様、車両を一時停止させるときは安全な場所を選んで危険物の保安に注意すればよく、消防長等の承認などは不要。

ここが狙われる！

運搬と移送はどちらも重要である。移送の基準については、移動タンク貯蔵所における貯蔵または取扱いの基準（●p110～112）、消火器の設置などがあわせて出題されることもある。

Lesson 13 措置命令

1コマ　内種劇場・その19

無許可で設備を変更すると、設置許可の取消しもあります。

🧯 用語

製造所等の所有者等「所有者等」とは、製造所等の所有者、管理者および占有者の総称である。

「基準遵守」とは、「基準にきちんと従い、それをしっかり守ること」です。危険物を扱う人にとってはとても大切な態度ですね。

1 義務違反等に対する措置命令

　市町村長等は、製造所等の所有者等に対して一定の措置を命じることができます。このような命令を措置命令といいます。次の①〜④はすべて所有者等の法令上の義務違反に対する措置命令です。

①貯蔵・取扱いの基準遵守命令

　製造所等には法令の定める技術上の基準に従った危険物の貯蔵・取扱いが必要とされる。そのため、これに違反している場合は、技術上の基準に従った貯蔵または取扱いを命令することができる。これを基準遵守命令という。

②危険物施設の基準適合命令

　製造所等の位置、構造および設備は、法令の定める技術上の基準に適合するように維持されなければならない。そのため、これに違反している場合は、製造所等の修理、改造または移転を命令することができる。これを基準適合命令という。

③危険物保安監督者等の解任命令

危険物保安監督者や**危険物保安統括管理者**が消防法令に違反したとき、またはこれらの者にその業務を行わせることが公共の安全の維持や災害の発生防止に支障を及ぼすおそれがある場合は、これらの役職者の解任を命令することができる。

④応急措置命令

製造所等において危険物の流出その他の事故が発生したときには、引き続く危険物の流出および拡散の防止、流出した危険物の除去等、災害発生防止のための応急措置を講じる必要がある。そのため、応急措置を講じていない場合は、応急措置を命令することができる。

現場付近の人に消火作業をさせることは応急措置に含まれません。

プラスワン

製造所等で危険物の流出事故等が発生しているのを発見した者は、消防機関等に直ちに通報しなければならない。ただし、虚偽の通報をすると刑罰が科せられる。

所有者等の法令上の義務違反に対する命令のほか、次の⑤⑥のような措置命令もあります。

⑤予防規程の変更命令

一定の製造所等では予防規程を定めて市町村長等の認可を受ける必要がある。市町村長等は火災予防のために必要がある場合、予防規程の変更を命令することができる。

⑥無許可貯蔵等の危険物に対する措置命令

製造所等の設置許可または仮貯蔵・仮取扱いの承認なしで指定数量以上の危険物を貯蔵または取り扱っている者に対しても、市町村長等は、危険物の除去等、災害防止のために必要な措置を命令することができる。

措置命令に従わないと、どうなるんですか？

施設の設置許可の取消しや使用停止命令を受けることがあります。詳しくは次のページで学習します。

設置許可の取消し
を含む事項は施設
的な面での違反、
使用停止命令のみ
の対象事項は人的
な面での違反とい
うふうに考えると
理解しやすくなり
ますよ。

2 許可の取消し、使用停止命令

①許可の取消しまたは使用停止命令の対象事項

次の5つの事項のいずれかに該当する場合、市町村長等
は製造所等の設置許可を取り消すか、または期間を定めて
施設の使用停止を命令することができます。

■許可の取消し、使用停止命令の対象となる事項

無許可変更 　許可を受けずに製造所等の位置、構造または設備を変更した	施設的な面での違反
完成検査前使用 　完成検査または仮使用の承認なしに製造所等を使用した	
基準適合命令違反 　製造所等の修理、改造、移転命令に違反した	
保安検査未実施 　実施すべき屋外タンク貯蔵所または移送取扱所が、保安検査を受けない	
定期点検未実施等 　実施すべき製造所等が、定期点検を実施しないか、または実施しても点検記録の作成・保存をしない	

②使用停止命令のみの対象事項

次の4つの事項のいずれかに該当する場合、市町村長等
は施設の使用停止を命令することができます。

■使用停止命令のみの対象となる事項

基準遵守命令違反 　貯蔵・取扱いの基準遵守命令に違反した	人的な面での違反
危険物保安統括管理者未選任等 　選任すべき製造所等が、**危険物保安統括管理者**を選任しない、または選任してもその者に必要な業務をさせていない	
危険物保安監督者未選任等 　選任すべき製造所等が、**危険物保安**監督者を選任しない、または選任してもその者に必要な業務をさせていない	
危険物保安監督者等の解任命令違反 　**危険物保安**監督者、**危険物保安**統括管理者の解任命令に違反した	

3 その他の命令

①緊急使用停止命令

　市町村長等は、公共の安全維持または災害の発生防止のため緊急の必要があるときは、所有者等に対し、施設の一時使用停止または使用制限を命令することができます。

②資料提出命令・立入検査

　市町村長等は、火災防止のため必要があると認めるときは、指定数量以上の危険物を貯蔵または取り扱っているすべての場所の所有者等に対し、資料の提出を命じたり、消防職員に立入検査をさせたりすることができます。危険物の流出等の事故が発生し火災発生のおそれがある場合にも、原因調査のために同様の資料提出命令・立入検査ができます。

③移動タンク貯蔵所の停止

　消防吏員または警察官は、危険物の移送に伴う火災の防止のため特に必要があると認める場合は、走行中の移動タンク貯蔵所を停止させ、乗車している危険物取扱者に対して危険物取扱者免状の提示を求めることができます。

プラスワン

危険物取扱者が消防法令に違反している場合、免状を交付した都道府県知事は、**免状の返納**を命じることができる。

プラスワン

消防法令に対する重大な違法行為には刑罰が科せられる。たとえば製造所等の無許可の設置・変更、完成検査前使用等は6カ月以下の懲役または50万円以下の罰金とされている。

用語

消防吏員
消防職員のうち、制服を着用して消火・救急等の業務に従事する者をいう。

コレだけ!!

許可の取消し＋使用停止命令	使用停止命令のみ
●無許可変更	●基準遵守命令違反
●完成検査前使用	●危険物保安統括管理者未選任等
●基準適合命令違反	●危険物保安監督者未選任等
●保安検査未実施	●解任命令違反
●定期点検未実施等	

使用停止命令の対象事項は合計9つですね。

理解度チェック○×問題

Key Point	できたら チェック ☑
措置命令	□□ 1　製造所等の位置、構造および設備が技術上の基準に適合していない場合、市町村長等は修理、改造または移転を命じることができる。
	□□ 2　危険物保安監督者が法令に違反した場合、市町村長等は保安講習の受講を命じることができる。
	□□ 3　危険物保安監督者の解任命令は，都道府県知事が発令する。
	□□ 4　危険物流出事故が発生した場合、所有者等は直ちに応急措置を講じる義務がある。
許可の取消し・使用停止命令	□□ 5　製造所等の位置、構造および設備を無許可で変更すると、設置許可の取消しまたは使用停止命令の対象となる。
	□□ 6　完成検査または仮使用の承認を受けずに製造所等を使用した場合、使用停止命令の対象となるが、設置許可が取り消されることはない。
	□□ 7　製造所等の修理、改造または移転命令に従わなかった場合は、設置許可の取消しまたは使用停止命令の対象となる。
	□□ 8　定期点検を義務付けられている製造所等における定期点検の未実施は、使用停止命令の対象ではない。
	□□ 9　貯蔵・取扱いの基準遵守命令違反は、設置許可取消しの対象である。
	□□10　危険物保安監督者の選任義務がある製造所等が危険物保安監督者を選任しない場合は、使用停止命令の対象となる。
その他の命令	□□11　危険物取扱者免状の返納命令は、都道府県知事が発令する。
	□□12　走行中の移動タンク貯蔵所の停止を命じることができるのは、消防吏員または消防署長であると定められている。
	□□13　市町村長等は、製造所等の緊急使用停止命令を出すことができる。

解答・解説

1.○　2.× 保安講習の受講ではなく所有者等に解任を命じる。　3.× 都道府県知事ではなく市町村長等。
4.○　5.○　6.× 設置許可取消しの対象でもある。　7.○　8.× 設置許可の取消しまたは使用停止命令の対象となる。　9.× 使用停止命令のみの対象。　10.○　11.○　12.× 消防署長ではなく警察官。　13.○

ここが狙われる！

丙種の試験では、措置命令等について単独で出題されることはないが、たとえば定期点検の問題の中で、定期点検の未実施が許可取消しや使用停止命令の対象となることが、1つの肢として問われるような場合がある。

第3章　章末確認テスト

問題1　消防法上の危険物について、次のうち誤っているものはどれか。

(1)　危険物は、第1類から第6類に分類されている。

(2)　危険物には、常温（20℃）において、固体のものと液体のものとがある。

(3)　危険物の指定数量は、危険性が高いものほど大きい。

(4)　ガソリンの指定数量は、200 L である。

問題2　法令上、同一の場所において、次の危険物A〜Cを貯蔵する場合、貯蔵量は指定数量の何倍になるか。

	指定数量	貯蔵量
危険物A	200 L	1,000 L
危険物B	1,000 L	2,000 L
危険物C	2,000 L	1,000 L

(1)　2.7　　　(2)　3.2　　　(3)　5.5　　　(4)　7.5

問題3　製造所等に関する手続きとして、次のうち誤っているものはどれか。

(1)　製造所等を設置する場合は、市町村長等に設置の届出をする必要がある。

(2)　製造所等の変更工事にかかわる部分以外の全部または一部を完成検査前に仮使用する場合は、市町村長等の承認が必要である。

(3)　指定数量以上の危険物を、製造所等以外の場所で仮貯蔵または仮取扱いする場合は、所轄消防長または消防署長の承認が必要である。

(4)　製造所等の用途を廃止した場合は、遅滞なく市町村長等に届出をする必要がある。

問題4　危険物取扱者制度について、次のうち正しいものはどれか。

(1)　丙種危険物取扱者は、取扱いを認められている危険物が指定数量未満である場合に限り、自ら取り扱うことができる。

(2)　丙種危険物取扱者は、危険物取扱者の免状を取得していない者がガソリン、灯油または軽油を取り扱う際には、資格者として立ち会うことができる。

(3)　危険物取扱者の氏名が変わったとき、本籍地の属する都道府県が変わったとき、または現住所が変わったときは、免状の書換えを申請しなければならない。

(4)　危険物取扱者免状に貼付されている写真が、撮影から10年を経過した場合には、免状の書換えを申請しなければならない。

問題5　法令上、丙種危険物取扱者が取り扱うことのできる危険物の組合せとして、次のうち正しいものはどれか。

(1)　ガソリン、軽油、灯油、第1石油類、第4石油類、動植物油類

(2)　ガソリン、重油、第2石油類、第4石油類、動植物油類

(3)　軽油、灯油、第3石油類、第4石油類、動植物油類

(4)　ガソリン、軽油、灯油、第3石油類（重油、潤滑油、引火点130℃以上のもの）、第4石油類、動植物油類

問題6　法令上、危険物の保安に関する講習について、次のうち正しいものはどれか。

(1)　危険物取扱者試験に合格した者は受講しなければならない。

(2)　甲種危険物取扱者と乙種危険物取扱者のみ受講義務がある。

(3)　受講しなければならない危険物取扱者は、一定の期間ごとに受講を繰り返す必要がある。

(4)　危険物保安監督者に選任された危険物取扱者のみ受講義務がある。

問題7　製造所等の定期点検について、次のうち誤っているものはどれか。
**　　　ただし、規則で定める漏れの点検を除く。**

(1)　定期点検は、原則として1年に1回以上実施しなければならない。

(2)　地下タンク貯蔵所と移動タンク貯蔵所は、指定数量の大小に関係なく、定期点検を実施しなければならない。

(3)　定期点検は、原則として、危険物取扱者または危険物施設保安員が行う。

(4)　危険物取扱者の免状を取得していない者は、たとえ丙種危険物取扱者の立会いを受けても、自ら定期点検を行うことはできない。

問題8　製造所等に設置する消火設備について、次のうち誤っているものはどれか。

(1)　消火設備は第1種から第5種に区分されている。

(2)　消火粉末を放射する小型の消火器は、第4種消火設備である。

(3)　第5種消火設備は原則として、一部の製造所等では有効に消火できる位置に設け、その他の製造所等では防護対象物から歩行距離が20m以下となるように設ける。

(4)　移動タンク貯蔵所の消火設備は、自動車用消火器のうち粉末消火器（3.5kg以上）またはその他の消火器を2個以上設置する。

問題9　危険物の貯蔵・取扱いの基準について、次のうち誤っているものはどれか。

(1)　危険物を貯蔵し、または取り扱う場合には、危険物が漏れ、あふれ、または飛散しないように必要な措置を講じなければならない。

(2)　屋内貯蔵所では、ガソリンと軽油を同じ部屋で同時貯蔵することはできない。

(3)　屋内貯蔵所および屋外貯蔵所において、危険物を収納した容器を積み重ねるときは、原則として高さ3mを超えてはならない。

(4)　危険物を焼却により廃棄する場合は、必ず見張人をつけ、安全な方法で行う。

問題10　移動タンク貯蔵所により重油を移送する場合に、次のうち正しいものはどれか。

(1)　丙種危険物取扱者は移送をすることができる。

(2)　20,000L以上の重油を移送する場合は、あらかじめ消防長に届け出る。

(3)　移動タンク貯蔵所には、完成検査済証の写しを備え付けなければならない。

(4)　移送するために乗車する危険物取扱者は、必ず免状の写しを携帯しなければならない。

問題11　給油取扱所の位置、構造について、次のうち誤っているものはどれか。

(1)　見やすい箇所に、給油取扱所である旨を示す標識および「火気厳禁」と掲示された掲示板を設ける。

(2)　給油空地は、間口10m以上、奥行6m以上としなければならない。

(3)　保有空地と給油空地は漏れた危険物が浸透する舗装にする。

(4)　「給油中エンジン停止」の掲示板は、黄赤色の地に黒色の文字で、指定以上の大きさにする。

解答・解説

問題1　正解　(3)

(3)×危険性が高いものほど、少量でも規制する必要があるため、指定数量は少なめに定められている。

問題2　正解　(4)

危険物A1,000Lを、指定数量の200Lで割ると5。

危険物B2,000Lを、指定数量の1,000Lで割ると2。

危険物C1,000Lを、指定数量の2,000Lで割ると0.5。

この3つの倍数を足すと、7.5になる。

問題3　正解　(1)

(1)×届出ではなく、市町村長等に許可申請をして設置の許可を受ける必要がある。

問題4　正解　(4)

(1)×指定数量の倍数とは関係なく、自ら取り扱うことができる。

(2)×丙種危険物取扱者は、無資格者による危険物の取扱いには一切立ち会えない。

(3)×免状の書換えは、免状の記載事項に変更を生じたときに申請する。氏名、本籍地の属する都道府県はいずれも記載事項であるが、現住所は記載事項ではない。

(4)○「過去10年以内に撮影した写真」が免状の記載事項とされているため、免状に貼付されている写真が撮影から10年を経過したときは書換えが必要となる。

問題5　正解　(4)

(1)×第1石油類ではガソリンしか扱えない。第3石油類の一部も扱える。

(2)×第2石油類では軽油と灯油しか扱えない。第3石油類の一部も扱える。

(3)×ガソリンも扱える。第3石油類は一部しか扱えない。

問題6　正解　(3)

(1)×保安講習は、製造所等において危険物の取扱作業に従事している危険物取扱者に受講義務がある。試験に合格しただけでは受講義務はない。

(2)×危険物取扱作業に従事していれば、甲種、乙種、丙種を問わず受講義務がある。

(3)○前回受講した日以降の最初の4月1日から3年以内ごとに受講を繰り返す。

(4)×危険物保安監督者に選任された場合に限らず、製造所等において危険物の取扱作業に従事している危険物取扱者には受講義務がある。

問題7　正解　(4)

(4)×丙種危険物取扱者の立会いがあれば、免状を取得していない者でも自ら定期点検を行うことができる。

問題8　正解　(2)

(2)×小型消火器は、消火剤の種類にかかわらず第5種消火設備である。

問題9　正解　(2)

(2)×ガソリンと軽油はどちらも第4類危険物であり、類を異にするものではないので同時貯蔵することができる。

問題10　正解　(1)

(1)○丙種危険物取扱者も自分が取り扱うことができる危険物の移送はできる。

(2)×基本的に移送についてどこかへ届けたりする必要はない。

(3)(4)×どちらも写しではだめ。

問題11　正解　(3)

(3)×危険物が地下に浸透すると、やがてその危険物に引火する危険があるため、危険物が浸透しない構造とする必要がある。

予想模擬試験

解答 / 解説

巻末の別冊子「予想模擬試験」を解き終えたら、この「解答／解説」編で採点と解説の確認を行いましょう。

正解・不正解にかかわらず、しっかりと解説を確認しましょう。

なお、テキストの参照ページを記載してありますので、特に解けなかった問題は、テキストに戻って復習を行うことも大切です。

※模試の問題、解答カードは、巻末の別冊子に収録されていますので、取り外してご利用ください。

予想模擬試験〈第1回〉解答一覧

危険物に関する法令		燃焼および消火に関する基礎知識		危険物の性質ならびにその火災予防および消火の方法	
問題 1	(4)	問題11	(4)	問題16	(3)
問題 2	(1)	問題12	(3)	問題17	(4)
問題 3	(4)	問題13	(1)	問題18	(3)
問題 4	(2)	問題14	(2)	問題19	(4)
問題 5	(2)	問題15	(3)	問題20	(3)
問題 6	(4)			問題21	(3)
問題 7	(1)			問題22	(1)
問題 8	(3)			問題23	(2)
問題 9	(1)			問題24	(1)
問題10	(2)			問題25	(3)

☆得点を計算してみましょう。

挑戦した日	危険物に関する法令	燃焼および消火に関する基礎知識	危険物の性質ならびにその火災予防および消火の方法	計
1回目 /	/10	/5	/10	/25
2回目 /	/10	/5	/10	/25

※各科目60%以上の正解率が合格基準です。

予想模擬試験〈第1回〉解答・解説

※問題を解くために参考となるページを「 ➥ 」の後に記してあります。

■危険物に関する法令■

問題1　解答　(4)　　　　　　　　　　　　　　　　　　　　　➥P39

(4)クレオソート油は、第4石油類ではなく、第3石油類です。ちなみに、丙種が扱える第3石油類は、重油、潤滑油と引火点130℃以上のものだけですから、引火点が73.9℃のクレオソート油は、扱えません。グリセリンは引火点が199℃なので扱えます。

問題2　解答　(1)　　　　　　　　　　　　　　　　　　　　　➥P63, 64

(1)ガソリン2,000Lを、指定数量の200Lで割ると10。灯油5,000Lを、指定数量の1,000Lで割ると5。2つの倍数を足すと15です。

(2)灯油4,000Lを、指定数量の1,000Lで割ると4。重油4,000Lを、指定数量の2,000Lで割ると2。2つの倍数を足すと6です。

(3)重油6,000Lを、指定数量の2,000Lで割ると3。軽油2,000Lを、指定数量の1,000Lで割ると2。2つの倍数を足すと5です。

(4)軽油7,000Lを、指定数量の1,000Lで割ると7。ガソリン1,000Lを、指定数量の200Lで割ると5。2つの倍数を足すと12です。

以上より、(1)の15がいちばん大きいことがわかります。

問題3　解答　(4)　　　　　　　　　　　　　　　　　　　　　➥P70～74

(1)仮使用については、市町村長等の許可ではなく承認が必要です。

(2)危険物の品名・数量・指定数量の倍数を変更しようとする日の10日前までに市町村長等に届出をすれば足ります。

(3)譲渡または引渡しの後、遅滞なく市町村長等に届出をすれば足ります。

(4)製造所等を設置するとき、または製造所等の位置・構造・設備を変更するときに市町村長等の許可が必要とされます。

問題4　解答　(2)　　　　　　　　　　　　　　　　　　　　　➥P44

(1)エタノールやメタノールなどのアルコール類は、丙種危険物取扱者は取り扱えません。

(3)アセトンは第1石油類ですが、第1石油類ではガソリンだけを取り扱えます。エタノールは取り扱えません。

(4)ジエチルエーテルなどの特殊引火物も、丙種危険物取扱者は取り扱えません。

問題5　解答　(2)　　　　　　　　　　　　　　　　　　　　　➥P77～79

(2)免状の再交付は、免状を交付した都道府県知事または書換えをした都道府県知事にのみ申請することができます。

問題6　解答　(4) 🔖P84
⑴屋内貯蔵所は、指定数量の150倍以上の場合のみ行います。
⑵屋内タンク貯蔵所は、指定数量の倍数に関係なく定期点検を行う必要がありません。
⑶屋外タンク貯蔵所は、指定数量の200倍以上の場合のみ行います。
⑷地下タンクを有する製造所は、指定数量の倍数に関係なく定期点検を行います。

問題7　解答　(1) 🔖P89
⑴保安対象物が一般の住居（製造所等と同一敷地外のもの）である場合、確保しなければな
　らない保安距離は10m以上とされています。
⑵～⑷はすべて正しい保安距離です。

問題8　解答　(3) 🔖P102～105
⑶第4種消火設備とは大型消火器のことです。大型消火器には水系の消火剤を放射するもの
　もあり、すべてが第4類危険物の火災に適応するわけではありません。

問題9　解答　(1) 🔖P108, 109
⑴危険物の貯蔵・取扱いをする建築物等は、その危険物の性質に応じて有効な遮光または換
　気を行う必要があります。常に密閉するというのは誤りです。

問題10　解答　(2) 🔖P117, 118
⑵移動タンク貯蔵所で危険物を移送する場合は、その危険物の取扱いができる資格を持った
　危険物取扱者の乗車が必要ですが、危険物取扱者自身が運転する必要はありません。

■燃焼および消火に関する基礎知識■

問題11　解答　(4) 🔖P12, 13
⑷点火源（火源、熱源）には火気のほか、静電気や摩擦、衝撃による火花等も含まれます。
　なお、融解熱や蒸発熱は点火源にはなりません。

問題12　解答　(3) 🔖P13, 14
丙種危険物取扱者が取り扱う危険物は第4類危険物の一部なので、すべて引火性液体です。
引火性液体の燃焼は、液体の表面から蒸発した可燃性蒸気が空気と混ざってできた混合気体
の燃焼なので、蒸発燃焼です。

問題13　解答　(1) 🔖P17
引火点とは、可燃性蒸気と空気との混合気体に点火したとき、混合気体が燃え出すのに十分
な濃度の可燃性蒸気が液面上に発生するための最低の液温のことをいいます。したがって、
引火点が40℃の可燃性液体の場合は、液温が40℃になると、点火源によって混合気体が燃え
出します（＝引火する）。なお、燃焼するのは液面から発生した可燃性蒸気であり（蒸発燃焼）、
液体そのものが燃焼する（発火する）わけではありません。

問題14 解答 (2) ➡P25

(1)可燃物であるガスの供給を断っているので、除去消火です。

(2)ふたをして酸素の供給を断っているので、窒息消火です。

(3)可燃物であるロウの蒸気を除去しているので、除去消火です。

(4)可燃物の熱を奪っているので、冷却消火です。

問題15 解答 (3) ➡P28

(3)泡消火剤を用いた場合の主な消火効果は、泡が燃焼物を覆うことによって酸素の供給を断つ窒息効果です。

■危険物の性質ならびにその火災予防および消火の方法■

問題16 解答 (3) ➡P38

(3)第4類危険物は、比重（液比重）が1より小さく水より軽いものがほとんどですが、水に溶けない性質（非水溶性）のものが多いため、「水に溶けやすいものが多い」というのは誤りです。

問題17 解答 (4) ➡P41

(4)空気中の水分が多くなると、静電気はその水分に移動するため、蓄積されにくくなります。したがって、静電気の蓄積を防ぐには湿度を上げる必要があります。

問題18 解答 (3) ➡P26～30, 42

(1)～(4)の危険物の火災には、泡、二酸化炭素、粉末、ハロゲン化物による窒息消火が効果的です。したがって、(1)(2)(4)は正しい組合せです。一方、これらの危険物はいずれも水に溶けず、水より軽い危険物なので、水を放射すると、棒状・霧状にかかわらず、油が水に浮いて炎が拡大する危険性が高いため、(3)は不適切な組合せです。

問題19 解答 (4) ➡P45

(4)ガソリンの液比重は0.65～0.75です。液比重が1より小さいので水より軽く、また非水溶性なので、水に浮きます。

問題20 解答 (3) ➡P40, 47

(1)灯油や軽油とガソリンが混ざると、引火しやすくなるので危険です。

(3)密栓をして火気を避けることが第4類危険物の取扱いの基本です。

問題21 解答 (3) ➡P46, 47

(1)軽油はディーゼル機関の燃料として使用されるので、一般に「ディーゼル油」とも呼ばれています。

(3)非水溶性なので、よく混ぜても水には溶けません。

(4)軽油は引火点45℃以上なので、常温（20℃）では通常は引火しませんが、霧状にしたり、布等に染み込ませたりすると、引火点より低い温度でも引火の危険性が高くなります。

問題22　解答　(1) $\circlearrowright$P47, 48

(1)重油の液比重は0.9〜1.0です（水よりやや軽い）。「重油」という名称に惑わされないようにしましょう。

(3)重油の引火点は60〜150℃、ガソリンは−40℃以下です。

(4)引火点が常温（20℃）よりもかなり高いので、通常は常温では引火しませんが、霧状にすると、引火点より低い温度でも引火する危険性が高くなります。

問題23　解答　(2) $\circlearrowright$P48〜50

(2)第4石油類の引火点は200℃以上250℃未満です。なお、70℃以上200℃未満というのは第3石油類です。

(4)第4石油類は液比重が1より小さいものがほとんどですが、りん酸トリクレジル（液比重1.16）のように液比重が1より大きいものもあります。

問題24　解答　(1) $\circlearrowright$P50, 51

(2)動植物油類は第4類危険物（**引火性液体**）なので、常温（20℃）ではすべて液体です。

(3)液比重は0.9程度です（水より軽い）。

(4)引火点は一般に200℃以上で非常に高いですが、重油と同様、いったん燃え出すと液温が高くなり、消火が困難となります。

問題25　解答　(3) $\circlearrowright$P22, 42, 104, 110, 112

(1)　移動タンク貯蔵所の移動貯蔵タンクから給油取扱所の専用タンク（地下貯蔵タンク）へと液体危険物を注入する場合、移動貯蔵タンクを接地します。

(2)　屋外では消火器を風上から使用します。このため、給油取扱所では注油口近くの風上となる場所に消火器を配置します。

(3)　タンクの計量口は、危険物を計量するとき以外は危険物があふれ出ないよう閉鎖します。

予想模擬試験〈第2回〉解答一覧

危険物に関する法令		燃焼および消火に関する基礎知識		危険物の性質ならびにその火災予防および消火の方法	
問題1	(2)	問題11	(4)	問題16	(1)
問題2	(4)	問題12	(2)	問題17	(4)
問題3	(4)	問題13	(3)	問題18	(3)
問題4	(2)	問題14	(3)	問題19	(2)
問題5	(1)	問題15	(1)	問題20	(4)
問題6	(3)			問題21	(1)
問題7	(2)			問題22	(2)
問題8	(4)			問題23	(4)
問題9	(3)			問題24	(3)
問題10	(2)			問題25	(4)

第2回

☆得点を計算してみましょう。

挑戦した日	危険物に関する法令	燃焼および消火に関する基礎知識	危険物の性質ならびにその火災予防および消火の方法	計
1回目 ／	／10	／5	／10	／25
2回目 ／	／10	／5	／10	／25

※各科目60％以上の正解率が合格基準です。

予想模擬試験〈第2回〉解答・解説

■危険物に関する法令■

問題1　解答 (2) 　　　　　　　　　　　　　　　　　　　　　　　　　⊃P58, 59
(1)甲種、乙種、丙種に分類されているのは、危険物取扱者です。
(3)第1～第3石油類の危険物は、類が同じでも、水溶性の危険物は、非水溶性の危険物に比べて、指定数量が2倍になります。それだけ、水溶性の方が危険性が少ないということです。
(4)このような定義はありません。

問題2　解答 (4) 　　　　　　　　　　　　　　　　　　　　　　　　　⊃P63, 64
危険物Aの貯蔵量の400Lを、指定数量の200Lで割ると2。
危険物Bの貯蔵量の500Lを、指定数量の1,000Lで割ると0.5。
危険物Cの貯蔵量の4,000Lを、指定数量の2,000Lで割ると2。
この3つの倍数を足すと、4.5になります。

問題3　解答 (4) 　　　　　　　　　　　　　　　　　　　　　　　　　⊃P77, 85
(1)丙種危険物取扱者が取り扱えるのは、第4類危険物のうち特定のもののみです。
(2)丙種危険物取扱者は、危険物取扱者以外の者が行う危険物の取扱作業には、一切立ち会うことができません。
(3)丙種危険物取扱者は、定期点検を自ら行うことができます。
(4)ガソリンは丙種危険物取扱者が取り扱える危険物なので、資格者として乗車することができます。

問題4　解答 (2) 　　　　　　　　　　　　　　　　　　　　　　　　　⊃P39, 44
丙種危険物取扱者が取り扱うことのできる危険物は、灯油、ガソリン、重油、軽油の4つです。二硫化炭素は特殊引火物であるため、メタノールはアルコール類であるため、取り扱えません。硝酸は、第4類の危険物ではありません。

問題5　解答 (1) 　　　　　　　　　　　　　　　　　　　　　　　　　⊃P90
保有空地を必要とする施設は、次の7種類です。(1)給油取扱所は含まれません。
・製造所
・屋内貯蔵所
・屋外貯蔵所
・屋外タンク貯蔵所
・一般取扱所
・屋外に設ける簡易タンク貯蔵所
・地上に設ける移送取扱所

問題6　解答　(3)　⮕P92, 93
(3)可燃性の蒸気等は空気より重く、低い場所に溜まりやすいため、屋外の高所に排出する設備を設けなければなりません。

問題7　解答　(2)　⮕P95, 96
(1)給油取扱所ではガソリンその他の第4類危険物を取り扱うため、掲示板に表示する注意事項は「火気厳禁」です。正しいです。
(2)給油空地は、間口10m以上、奥行6m以上とされています。誤りです。
(4)廃油タンクの容量は10,000L以下とされていますが、専用タンクには容量の制限がないことに注意しましょう。

問題8　解答　(4)　⮕P102
(1)消火栓設備は、屋内消火栓・屋外消火栓とも第1種消火設備です。
(2)乾燥砂は、第5種消火設備です。
(3)小型消火器は、消火剤の種類にかかわらず第5種消火設備です。
(4)大型消火器は、消火剤の種類にかかわらず第4種消火設備です。

問題9　解答　(3)　⮕P109, 110
(3)類を異にする危険物は、同一の貯蔵所で同時に貯蔵することが原則として禁止されていますが、軽油と重油はどちらも第4類の危険物であり、類を異にするものではないので同時貯蔵することができます。

問題10　解答　(2)　⮕P114～117
(2)運搬容器が金属製ドラム缶であっても、収納口を上方に向けて積載しなければなりません。横積みは禁止です。

■燃焼および消火に関する基礎知識■

問題11　解答　(4)　⮕P12
物質と酸素とが結びつく化学反応を「酸化」といい、このうち熱と光の発生を伴うものを特に「燃焼」といいます。

問題12　解答　(2)　⮕P16, 17
(2)引火点とは、可燃性蒸気と空気との混合気体に点火したとき、混合気体が燃え出すのに十分な濃度の可燃性蒸気が液面上に発生するための最低の液温のことです。つまり、可燃性蒸気の濃度が燃焼範囲の下限値を示すときの液温といえます。

問題13　解答　(3)　⮕P18
(3)発火点とは、物質（可燃物）を加熱した場合に、点火源を与えなくてもその物質そのものが発火して燃えはじめる最低の温度をいいます。したがって、発火点が220℃の可燃性液体は、220℃に達すると、点火源がなくてもおのずから燃えはじめます。

問題14　解答　(3)

⮕P20〜22

機器等が接地されると、地面と接続した導線を通って静電気が地中に逃げるので、静電気が帯電しにくくなります。静電気は設備や機器等の内部で発生するので、それを外部に逃がすことが大切です。これに対し、もともと電気を通しやすい物質であっても、絶縁状態にして静電気の逃げ道をなくした場合には帯電が起こります。人体もこのような場合には静電気が帯電し、蓄積します。

問題15　解答　(1)

⮕P25

(1)乾燥砂をかけて酸素の供給を断っているので、窒息効果による消火です。誤りです。
(2)泡が燃焼物を覆って酸素の供給を断つので、窒息効果による消火です。
(3)強化液の棒状放射は、冷却効果による消火です。
(4)ふたをして酸素の供給を断っているので、窒息効果による消火です。

■危険物の性質ならびにその火災予防および消火の方法■

問題16　解答　(1)

⮕P38, 39

(1)ガソリンの発火点は約300℃、灯油は220℃というように、丙種危険物取扱者が取り扱う危険物の発火点は非常に高いので、常温（20℃）で発火しやすいというのは誤りです。
(3)第3石油類のグリセリンは水溶性です。

問題17　解答　(4)

⮕P47

(4)ガソリンを誤って灯油ストーブに使用すると、燃焼が激しくなり、火災が発生する危険性があります。ガソリン、または灯油とガソリンが混合してしまった燃料を灯油ストーブなどに使用してはなりません。

問題18　解答　(3)

⮕P42, 103

(3)スプリンクラー設備は、天井に設けられたヘッド（噴出口）から水をシャワー状に噴出させる消火設備です。水は、棒状放射でも霧状放射でも油火災には不適応なので、スプリンクラー設備は油火災に適応しない消火設備といえます。

問題19　解答　(2)

⮕P40, 41

(1)ガソリンは蒸気比重が重く、低所に滞留しやすいため、屋外の高所に排出しなければなりません。誤りです。
(2)流速を遅くすることにより、静電気の発生を抑えることができます。
(3)通風、換気のよい冷暗所に保管する必要がありますが、必ずしも引火点より低い温度で保管する必要はありません。誤りです。
(4)可燃性蒸気が滞留しないよう、通風や換気を十分に行う必要があるので、作業場を密閉するというのは誤りです。

問題20　解答　(4)

⮕P46

(4)灯油の液比重は0.8程度であり、水より軽く、かつ水に溶けないので水に浮きます。なお、蒸気比重は4.5です（空気よりかなり重い）。

問題21 解答 (1) ⤷P46, 47

(1)軽油は、淡黄色または淡褐色の液体です。なお、粘性のある暗褐色の液体というのは重油です。

(2)軽油は電気の不良導体なので、流動すると静電気が発生しやすくなります。

(3)軽油の蒸気比重は4.5なので、灯油と同様、空気よりかなり重いといえます。

(4)軽油の発火点は220℃、ガソリンの発火点は約300℃です。

問題22 解答 (2) ⤷P47, 48

(1)重油は水に溶けませんが、水よりやや軽く、液比重は0.9～1.0です。

(2)重油の引火点は60～150℃とされています。なお、消防法別表第一において「第3石油類とは、重油、クレオソート油その他1気圧において引火点が70℃以上200℃未満のものをいい、…」と定められており、重油であれば引火点70℃未満であっても第3石油類に指定されます。

(3)重油は、原油を蒸留する過程でガソリンや灯油、軽油等を取り出した後に残る石油製品なので、「ガソリンと灯油の間の物質」というのは誤りです。

(4)重油は発火点が250～380℃であり、これ以上に加熱すると発火します。

第2回

問題23 解答 (4) ⤷P44, 49

(4)潤滑油のうち、引火点200℃以上250℃未満のものは**第4石油類**に区分されますが、引火点**70℃以上200℃未満のものは第3石油類**に区分されています。なお、ギヤー油とシリンダー油だけは、引火点が200℃未満または250℃以上のものであっても第4石油類に区分されます。

問題24 解答 (3) ⤷P50, 51

A 不飽和脂肪酸を多く含むものほど化学反応が起こりやすく、空気中の酸素と結びつく反応（酸化）が進みます。このとき発生する反応熱（酸化熱）が蓄積され、やがて発火点に達すると自然発火が起こります。このため、不飽和脂肪酸を多く含む乾性油は酸化が起こりやすく、自然発火の危険性が高くなります。

B 動植物油類が燃焼しているときは、液温が水の沸点よりも高くなるため、水が接触すると、その水が瞬間的に沸騰して、油が飛散します。

C 動植物油類の引火点は一般に200℃以上なので、常温（20℃）では引火しません。

したがって、正しいものはAとBの2つです。

問題25 解答 (4) ⤷P39

軽油の引火点は45℃以上で、軽油が属する第2石油類は引火点が「21℃～70℃未満」と決められています。ですから、設問の「引火点が一般に40℃以上70℃未満の範囲内にある危険物」は、軽油です。(1)トルエンと(2)自動車ガソリンは、第1石油類なので、引火点は21℃未満、(3)ギヤー油は第4石油類なので、引火点は200℃～250℃未満と、それぞれ定められています。

予想模擬試験 〈第3回〉 解答一覧

危険物に関する法令		燃焼および消火に関する基礎知識		危険物の性質ならびにその火災予防および消火の方法	
問題1	(4)	問題11	(3)	問題16	(1)
問題2	(1)	問題12	(2)	問題17	(3)
問題3	(3)	問題13	(2)	問題18	(4)
問題4	(2)	問題14	(4)	問題19	(2)
問題5	(3)	問題15	(3)	問題20	(2)
問題6	(4)			問題21	(3)
問題7	(1)			問題22	(2)
問題8	(4)			問題23	(1)
問題9	(3)			問題24	(4)
問題10	(4)			問題25	(3)

☆得点を計算してみましょう。

挑戦した日	危険物に関する法令	燃焼および消火に関する基礎知識	危険物の性質ならびにその火災予防および消火の方法	計
1回目 /	/10	/5	/10	/25
2回目 /	/10	/5	/10	/25

※各科目60％以上の正解率が合格基準です。

予想模擬試験〈第3回〉解答・解説

■危険物に関する法令■

問題1　解答　(4)　　　　　　　　　　　　　　　　　　　　　　　　⊃P36
B　**灯油**は第2石油類です。Cの軽油と同じです。
D　**重油**は第3石油類です。**第4石油類**は、ギヤー油、シリンダー油などです。

問題2　解答　(1)　　　　　　　　　　　　　　　　　　　　　　　⊃P63, 64
ガソリンの指定数量は200Lなので、倍数を求める式は1000/200です。同様に、軽油の指定数量は1,000Lなので、5000/1000、重油の指定数量は2,000Lなので、10000/2000となります。3つとも倍数は5なので、5×3＝15倍となります。

問題3　解答　(3)　　　　　　　　　　　　　　　　　　　　　　　　⊃P73
製造所等の位置、構造または設備を変更せずに、貯蔵または取り扱う危険物の品名、数量または指定数量の倍数を変更する場合には、変更しようとする10日前までに市町村長等に届出をする必要があります。

第3回

問題4　解答　(2)　　　　　　　　　　　　　　　　　　　　　　　⊃P77, 80
(1)指定数量にかかわらず、**第4類危険物のうち特定のものしか取り扱えません。**
(3)丙種危険物取扱者は、たとえ自ら取り扱うことのできる危険物であっても、危険物取扱者以外の者が行う取扱作業に立ち会うことはできません。
(4)丙種危険物取扱者には（6カ月以上の実務経験があっても）危険物保安監督者になる資格がありません。

問題5　解答　(3)　　　　　　　　　　　　　　　　　　　　　　　　⊃P78
免状を亡失してその再交付を受けたにもかかわらず、その亡失した免状を発見した場合には、再交付を受けた都道府県知事に、発見した免状を10日以内に提出しなければなりません。

問題6　解答　(4)　　　　　　　　　　　　　　　　　　　　　　　⊃P84, 85
(1)定期点検は危険物取扱者か危険物施設保安員が行います。
(2)定期点検の記録は、3年間保存しなければなりません。
(3)危険物施設保安員がいる製造所等で定期点検が免除されるという規則はありません。

問題7　解答　(1) P94, 99

(1)移動タンク貯蔵所の**常置場所**は、防火上安全な屋外か、壁・床・梁および屋根を耐火構造か不燃材料でつくった建築物の1階と決められています。このように、条件が整えば屋内に常置させることもできますから、誤りです。

(2)移動タンク貯蔵所のタンクの容量・30,000Lは覚えておきましょう。

(3)「ガソリンなど静電気による災害発生のおそれがある液体危険物の移動貯蔵タンクには接地導線（アース）を設ける」ことが定められています。

(4)製造所等には、「防火に関し必要な事項を掲示した掲示板を見やすい箇所に設ける」ことが定められています。「必要な事項」とは設問にある事項です。

問題8　解答　(4) P109, 111

(1)貯留設備に溜まった油は、あふれないように随時汲み上げます。水で薄めたとしても、下水、川、海などに流すことはできません。

(2)安全な場所で危険物を完全に除去した後に、溶接等の作業を行います。

(3)貯留設備または油分離装置に溜まった危険物は、あふれないように随時汲み上げます。

問題9　解答　(3) P115～117

(3)危険物の運搬について、市町村長等や消防長・消防署長に許可や承認の申請をしたり、届出をしたりする手続きは不要です。

問題10　解答　(4) P39, 77, 117

丙種危険物取扱者が取り扱える危険物でなければ移送できません。

(1)**第2石油類**のうち移送できるのは、灯油と軽油のみです。

(2)**第3石油類**では重油、潤滑油、引火点130℃以上のもののみ、動植物油類はすべて移送できます。

(3)メタノールはアルコール類なので、移送できません。

■燃焼および消火に関する基礎知識■

問題11　解答　(3) P12, 13

(1)**酸素供給源**がありません。窒素は酸素供給源になりません。

(2)**点火源**がありません。水素は可燃物ですが、点火源ではありません。

(3)可燃物（ガソリン）、酸素供給源（空気）、点火源（放電火花）を満たします。

(4)**可燃物**がありません。二酸化炭素は不燃物です。

問題12　解答　(2) P14

ガソリンや灯油などの**可燃性液体の燃焼**とは、液体から発生した可燃性蒸気が空気と混合し、点火源を与えられることによって燃えることをいいます。これを蒸発燃焼といい、可燃性液体そのものが燃えるわけではありません。

問題13　解答　(2)　　　　　　　　　　　　　　　　　　　　⤴P17, 18

A 可燃性液体の燃焼は、液体から発生した可燃性蒸気と空気との混合気体が燃える蒸発燃焼
　です。引火点とは、この混合気体に点火源（火源）を近づけたとき、混合気体が燃え出すの
　のに十分な濃度の可燃性蒸気が液面上に発生するための最低の液温をいいます。

B 発火点とは、空気中で可燃性物質を加熱していったとき、点火源（火源）を与えなくても、
　物質そのものが発火して燃焼しはじめる最低の温度をいいます。

C 一般的に、発火点の方が引火点よりも高い温度になっています。

したがって、正しいものはAとBの2つです。

問題14　解答　(4)　　　　　　　　　　　　　　　　　　　　⤴P20, 21

(3)片方の物質に正の電荷が生じた場合、もう片方の物質には負の電荷が生じますが、こうし
　て物質に帯電した電気を静電気といいます。この静電気が蓄積することによって、放電火
　花が発生する危険性が出てきますが、放電火花が燃焼の際の点火源になり得る点に、いち
　ばんの危険性が存在します。

(4)タンク等にガソリンを流入するときは、できるだけ流速を遅くすることによって、静電気
　の発生を抑えます。

問題15　解答　(3)　　　　　　　　　　　　　　　　　　　　⤴P27, 38

(3)油は水に浮いてしまうので、油火災に水を用いると、燃えている油が水の表面に広がり、
　燃焼面積が拡大していく危険があります。このため、油火災に水を用いることはできませ
　ん。

■危険物の性質ならびにその火災予防および消火の方法■

問題16　解答　(1)　　　　　　　　　　　　　　　　　　　　⤴P38, 40

(1)液体なので流動等により**静電気が発生**しやすく、また水溶性のものを除いて電気の不良導
　体が多いため、発生した静電気が蓄積されやすくなります。

(2)ほかの物質を酸化させる性質はありません。

(3)霧状にすると、**空気との接触面積が大きくなる**ので引火の危険性が増大します。

(4)蒸気比重が1より大きく、**空気より重い**ものがほとんどです。

問題17　解答　(3)　　　　　　　　　　　　　　　　　　　　⤴P47

ガソリンが入っていた容器にはガソリンの蒸気が充満しており、これを除去せずに灯油を入
れるとガソリン蒸気の一部が灯油に吸収され、蒸気濃度が燃焼範囲内まで下がります。そこ
へさらに灯油を流入すると、**静電気が発生**して放電火花を生じ、燃焼範囲内のガソリン蒸気
に引火して爆発が起こります。なお、ガソリンの蒸気と灯油が化学反応を起こして爆発した
り、混合して発熱したりすることはありません。

問題18　解答　(4)　　　　　　　　　　　　　　　　　　　　⤴P16〜18

燃焼範囲（爆発範囲）は幅が広いものほど、下限値が低いものほど、危険性が大きくなります。
また、**引火点**と**発火点**はどちらも**低い**ものほど危険性が大きくなります。したがって、引火
点が低いものほど危険性が少ないというのは誤りです。

C　保管する際には、携行缶(けいこう)のふたをしっかり閉めておく（密栓(みっせん)）必要があります。
D　ガソリンの携行缶として、灯油用のポリエチレンタンクは使用できません。必ず金属製の携行缶を使います。
誤りは2つです。

(2)ガソリンの燃焼範囲、1.4～7.6vol％は覚えておいてください。簡略化して1～8でもかまいません。意外と範囲が狭いということも覚えておきましょう。

(3)軽油の蒸気比重は4.5であり、空気よりかなり重いため、低い所に滞留(たいりゅう)します。なお、液比重は0.85程度です（水より軽い）。

(1)第4石油類は第4類危険物（**引火性液体**）なので、常温（20℃）ではすべて液体です。
(3)火災で液温が高温になっているものに水を入れると、**水が沸騰して油類を飛散させる**危険性があります。
(4)液温が引火点に達すれば、点火源により引火します。

(1)ガソリンの蒸気比重は3～4であり、**空気よりかなり重い**ため、低い所に滞留します。なお、第4類の危険物は、蒸気比重が1より大きいものがほとんどです。

引火点の低いものから高いものへと順に並べると以下の通りです。

自動車ガソリン	＜	軽油	＜	重油	＜	グリセリン	＜	ギヤー油
（－40℃以下）		（45℃以上）		（60～150℃）		（199℃）		（220℃）

(1)実際の在庫量の方が少ないことから、専用タンク等の腐食により危険物が漏れ出していることが考えられます。
(2)漏えい検査管からタール状の物質が検出されるのは、専用タンクに腐食による穴が開き、漏れたガソリンが専用タンク外面の保護用アスファルトを溶解したためです。
(3)給油取扱所の地盤面下に設ける専用タンクには地下貯蔵タンクの基準が準用されるため、通気管を設置します。通気管には、タンク内の空気や発生した可燃性蒸気を排出するなどの役割があるので、移動タンク貯蔵所から専用タンクに危険物を注入したときに通気管の先端から油臭（排出される可燃性蒸気の臭い）がしても異常ではありません。
(4)危険物に水が混ざっていたことから、専用タンク等の腐食により水が混入していたことが考えられます。

燃焼と消火の基礎知識

◆ 燃焼の３要素

燃焼するには、燃焼の３要素が同時に存在する必要がある。

⇒１つでも欠ければ燃焼は起こらない

燃焼の３要素
①可燃物 ②酸素供給源 ③点火源

用語

燃焼
発熱と発光を伴う、酸化反応のこと。

◆ 燃焼の種類

固体	**分解燃焼**	固体が加熱されて分解し、そのときに発生する可燃性蒸気が燃焼する	
		例 紙、木材、石炭、プラスチック	
		自己燃焼	分解燃焼のうち、固体に含まれる酸素によって燃える燃焼
			例 ニトロセルロース、セルロイド
	表面燃焼	固体の表面だけが赤く燃える燃焼	
		例 木炭、コークス	
	蒸発燃焼	加熱された固体が熱分解されずに蒸発し、その蒸気が燃える燃焼	
		例 硫黄、ナフタレン	
液体	**蒸発燃焼**	液面から蒸発した可燃性蒸気が空気と混合して、点火源により燃焼する	
		例 ガソリン、灯油、軽油、重油	

分解燃焼（炎が出る）

付録

表面燃焼（炎は出ない）

液面
ガソリン

液体そのものが燃えるわけではないので、炎と液面の間にわずかなすきまができる

- 丙種危険物取扱者が取り扱う第４類危険物は、いずれも液体なので、すべて蒸発燃焼である。
- 一般に物質は次の状態のときほど燃えやすい
  - **可燃性蒸気**が発生しやすい
  - **熱伝導率**が小さい
  - **酸化**されやすい
  - **発熱量**（**燃焼熱**）が大きい
  - **乾燥度**が高い
  - **空気との接触面積**が大きい

プラスワン

固体の可燃物を細かく砕くと、空気との接触面積が大きくなるほか、熱が全体に伝わりにくくなるため燃えやすくなる。

◆ 燃焼範囲

可燃性蒸気は、空気との混合割合（可燃性蒸気の濃度）が一定の範囲内（燃焼範囲）にあるとき、何らかの点火源（火源）が与えられることによって燃焼する。

- 燃焼範囲…可燃性蒸気が燃焼できる濃度の範囲

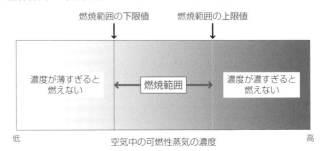

◆ 引火点と発火点

- 引火点…点火したとき混合気体が燃え出すのに十分な濃度の可燃性蒸気が液面上に発生するための**最低の液温**
- 発火点…空気中で可燃物を加熱したとき、点火源を与えなくても、物質が自ら発火して燃えはじめる**最低の温度**

■引火点と発火点の比較

引火点	発火点
可燃性蒸気の濃度が燃焼範囲の下限値を示すときの液温	空気中で加熱された**物質が自ら発火する**ときの最低の温度
点火源 ⇒ **必要**	点火源 ⇒ **不要**
可燃性の液体（まれに固体）	可燃性の固体、液体、気体

たとえ引火点に達しても点火源がなければ引火しないが、発火点の場合は、発火点に達すれば物質自体が燃え出すので、点火源は必要ない。

■主な第4類危険物の引火点と発火点

物　質	引火点（℃）	発火点（℃）
ガソリン	−40 以下	約300
灯油	40 以上	220
軽油	45 以上	220
重油	60〜150	250〜380

◆ 静電気災害の防止策

- 電気を通しやすい**材料を使う**
  ⇒電気を通しやすい（＝導電率が高い）物質は、帯電しにくい
- **流速を遅くする**
  ⇒管内の液体の流速が速いほど静電気が発生しやすくなるので、
  液体がゆっくり流れるようにする
- **湿度を高くする**
  ⇒湿度が上がって空気中の水分が多くなると、静電気はその水分
  に移動するため、蓄積されにくくなる
- **接地（アース）をする**
  ⇒地面と接続した導線を通って静電気が地中へと逃げるので、静
  電気の蓄積を防止できる
- **合成繊維を避け、木綿の衣服を着用する**
  ⇒合成繊維は、木綿などの天然繊維よりも帯電しやすい
- ゴムなどの**絶縁性材料には、帯電防止剤を添加する**

> 🌡 **用語**
>
> 帯電
> 物質が電気を帯びる
> こと。

> 静電気が蓄積する
> と、放電して火花
> を生じることがあ
> り、このとき付近
> に引火性蒸気など
> が存在すると、こ
> の火花が点火源と
> なって爆発や火災
> を起こす危険性が
> 生じます。

◆ 燃焼と消火の４要素

燃焼の4要素			
可燃物	酸素供給源	点火源	酸化の連鎖反応
↓ 取り除く	↓ 断ち切る	↓ 熱を奪う	↓ 抑える
除去	窒息	冷却	抑制
消火の4要素			

燃料を断つのは、除去消火

◆ 消火剤とその主な消火方法・適応する火災

消火剤			主な消火方法	適応する火災		
				普通	油	電気
水・泡系	水	**棒状**	冷却	○	×	×
		霧状	冷却	○	×	○
	強化液	**棒状**	冷却	○	×	×
		霧状	冷却 **抑制**	○	○	○
	泡		窒息 冷却	○	○	×
ガス系	二酸化炭素		窒息 **冷却**	×	○	○
	ハロゲン化物		**抑制** 窒息	×	○	○
粉末系	りん酸塩類		**抑制** 窒息	○	○	○
	炭酸水素塩類		**抑制** 窒息	×	○	○

重要

消火剤としての水
油火災に対しては、
油が水に浮いて、炎
が拡大する危険性が
高いため、棒状放射
も霧状放射も不可。

危険物の性質とその火災予防および消火

◆ 丙種が取り扱える危険物

第4類危険物でも「特殊引火物」や「アルコール類」は、一切取り扱うことができません。

丙種危険物取扱者が取り扱えるのは、第4類危険物（引火性液体）のうち、次に掲げるもののみである。

- 第1石油類…ガソリンのみ
- 第2石油類…灯油、軽油のみ
- 第3石油類…重油、潤滑油、引火点130℃以上のもの
- 第4石油類…すべて
- 動植物油類…すべて

試験で、取り扱える危険物として、エタノールやジエチルエーテルが入っていれば、それは誤りですね。

◆ ガソリン（自動車ガソリン）の性状

プラスワン

自動車ガソリンは、灯油や軽油と簡単に識別できるように、**オレンジ色**に着色されている。

性質	形状	無色透明の液体（オレンジ色に着色）
	臭気	特有の臭気
	比重	0.65～0.75　水より軽い
	沸点	40～220℃　沸点が低く、揮発しやすい
	引火点	−40℃以下　極めて低く、冬期でも引火する
	発火点	約300℃　灯油や軽油よりも高い
	燃焼範囲	1.4～7.6vol%　下限値は低いが、範囲は狭い
	蒸気比重	3～4　空気よりかなり重く、低所に滞留する
	溶解	水に溶けず、アルコール類にも溶けない
危険性	非常に引火しやすい	
	電気の不良導体なので、流動などによって静電気が発生しやすい	
	蒸気を過度に吸入すると、頭痛、目まい、吐き気などを起こすことがある	
消火	窒息消火（泡、二酸化炭素、ハロゲン化物、粉末消火剤）	

◆ 灯油の性状

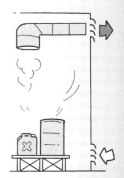

	形状	無色（またはやや黄色）の液体
性質	臭気	特有の臭気（石油臭）
	比重	0.8程度　水より軽い
	引火点	40℃以上　常温より高い
	発火点	220℃
	蒸気比重	4.5　空気よりかなり重い
	溶解	水やアルコールに溶けず、油脂を溶かす
危険性	霧状にしたり、布に染み込ませたりすると、引火する危険性が高くなる	
	電気の不良導体なので静電気が発生・蓄積しやすい	
	ガソリンが混合すると引火しやすくなる	
保管と消火	火気を避け、冷暗所に保管。換気、通風をよくする	
	窒息消火（泡、二酸化炭素、ハロゲン化物、粉末消火剤）	

丙種が取り扱う危険物から発生する蒸気は空気よりも重いので、低所の換気や通風を十分に行う必要がある。

◆ 軽油の性状

	形状	淡黄色または淡褐色の液体
性質	臭気	特有の臭気（石油臭）
	比重	0.85程度　水より軽い
	引火点	45℃以上　常温より高い
	発火点	220℃
	蒸気比重	4.5　空気よりかなり重い
	溶解	水やアルコールに溶けず、油脂を溶かす

＊「危険性」「保管と消火」については、灯油と同じ

丙種が取り扱う危険物は、水に溶けず水に浮くものが多いので、水にのって火が広がる危険性がある。

■ガソリン・灯油・軽油の性状の比較

物品名	水溶性	引火点 ℃	発火点 ℃	沸点 ℃	燃焼範囲 vol%
ガソリン	×	－40以下	300	40〜220	1.4〜7.6
灯油	×	40以上	220	145〜270	1.1〜6.0
軽油	×	45以上	220	170〜370	1.0〜6.0

付録

◆ 重油の性状

性質	形状	褐色または暗褐色の粘性のある液体
	臭気	特異な臭気
	比重	0.9～1.0　水よりやや軽い
	沸点	300℃以上
	引火点	60～150℃　常温よりかなり高い
	発火点	250～380℃
	溶解	水にも熱湯にも溶けない
危険性		燃え出すと発熱量が大きいため、消火が困難となる
		不純物として含まれる硫黄は、燃えると有毒な亜硫酸ガス（二酸化硫黄）になる
		霧状にすると、引火点以下でも引火の危険がある
保管と消火		火気を避け、冷暗所に保管する
		窒息消火（泡、二酸化炭素、ハロゲン化物、粉末消火剤）

重油の比重は0.9～1.0なので、水よりやや軽いです。名前につられて、「水より重い」と勘違いしないでください。

◆ 第4石油類の性状

■第4石油類に共通する性状

性質	形状	粘性のある液体
	比重	一般に水より軽い（重いものもある）
	引火点	200℃以上で非常に高い
	揮発性	常温（20℃）では揮発しにくい
	溶解	水に溶けない
危険性		発熱量が大きいため、燃え出すと第4石油類自体の液温が高くなり、消火が困難となる
		霧状にした場合は、引火点より低い液温であっても引火する危険がある
保管と消火		火気を避け、冷暗所に保管
		窒息消火（泡、二酸化炭素、ハロゲン化物、粉末消火剤）

丙種が取り扱える危険物の中で、比重が水よりも重いものがあるのは第4石油類だけです。

■主な第4石油類の引火点と比重

物品名	引火点 ℃	比重
モーター油	230	0.82
ギヤー油	220	0.90
シリンダー油	250	0.95

◆ 動植物油類の性状

■乾性油と不乾性油

	乾性油	半乾性油	不乾性油
例	アマニ油	ナタネ油	ヤシ油、オリーブ油
特徴	固化しやすい 不飽和脂肪酸が多い	乾性油と不乾性油の 中間の性質	固化しにくい 不飽和脂肪酸が少ない

乾性油、アマニ油、自然発火が重要です。「乾いたアマニ発火する」と覚えておきましょう。

不飽和脂肪酸を多く含むものは化学反応が起こりやすく、空気中の酸素と結びつく反応（酸化）が進む。このとき発生する反応熱（酸化熱）が蓄積され、発火点に達すると自然発火が起こる。

■動植物油類に共通する性状

性質	形状	淡黄色の液体（純粋なものは無色透明）
	比重	0.9程度で水より軽い
	引火点	一般に200℃以上で非常に高い
	溶解	水に溶けない
	成分	不飽和脂肪酸を含む
危険性		乾性油を布などに染み込ませ、熱が蓄積されやすい状態で放置すると、自然発火する危険性が高い
		いったん燃え出すと液温が高くなり、重油と同様、消火が困難となる
保管と消火		火気を避け、冷暗所に保管。換気、通風をよくする
		窒息消火（泡、二酸化炭素、ハロゲン化物、粉末消火剤）

付録

◆ 第4類危険物の引火点のまとめ

危険物に関する法令

◆ 危険物の規制

危険物の貯蔵または取扱い	
指定数量以上	消防法、政令、規則等による規制
指定数量未満	各市町村の条例による規制
危険物の運搬	
指定数量に関係なく	消防法、政令、規則等による規制

プラスワン

消防法では指定数量以上の危険物を貯蔵所以外の場所で貯蔵することや、製造所、貯蔵所および取扱所以外の場所で取り扱うことを原則として禁止している。

試験では、指定数量の値が知らされない形で問題が出されることもあります。それぞれの危険物の指定数量を覚えておきましょう。

◆ 丙種が取り扱える第4類危険物の指定数量

- ガソリン（第1石油類の非水溶性）‥‥‥‥‥‥‥‥‥‥‥ 200L
- 灯油・軽油（第2石油類の非水溶性）‥‥‥‥‥‥‥‥ 1,000L
- 重油（第3石油類の非水溶性）‥‥‥‥‥‥‥‥‥‥‥‥ 2,000L
- シリンダー油・ギヤー油など（第4石油類）‥‥‥‥‥ 6,000L
- 動植物油類‥‥‥‥‥‥‥‥‥‥‥‥‥‥‥‥‥‥‥‥ 10,000L

◆ 危険物が2種類以上の場合

同一の場所で危険物A、B、Cを貯蔵しまたは取り扱っている場合は、それぞれの危険物ごとに倍数を求めてその数を合計する。

$$\frac{実際のAの数量}{Aの指定数量} + \frac{実際のBの数量}{Bの指定数量} + \frac{実際のCの数量}{Cの指定数量}$$

このようにして求めた倍数の合計が1以上になるとき、その場所では指定数量以上の危険物の貯蔵または取扱いをしているものとみなされる。

◆ 各種申請手続き

申請	手続き事項	申請先
許可	製造所等の設置	市町村長等
	製造所等の位置・構造・設備の変更	
承認	仮使用	
	仮貯蔵・仮取扱い	消防長・消防署長
検査	完成検査	市町村長等
	完成検査前検査	
	保安検査	
認可	予防規程の作成・変更	

重要

許可が出ない限り、
着工できない
市町村長等の許可が
なければ、製造所等
の設置または変更の
工事に着工すること
は認められない。

◆ 仮使用、仮貯蔵・仮取扱い

	仮使用	仮貯蔵・仮取扱い
場　所	使用中の製造所等	製造所等以外の場所
内　容	一部変更工事中、工事と関係のない部分を仮に使用する	指定数量以上の危険物を仮に貯蔵または取り扱う
期　間	変更工事の期間中	10日以内
申請先等	市町村長等が承認	消防長または消防署長が承認

用語

仮使用
変更工事に係る部分
以外の部分の全部ま
たは一部を、**市町村
長等の承認を受ける**
ことにより仮に使用
すること。

付
録

◆ 各種届出手続き

届出を必要とする手続き	届出期限	届出先
製造所等の譲渡または引渡し	遅滞なく	市町村長等
製造所等の用途の廃止	遅滞なく	
危険物の品名、数量または指定数量の倍数の変更	変更しようとする日の**10日前まで**	
危険物保安監督者の選任・解任	遅滞なく	
危険物保安統括管理者の選任・解任	遅滞なく	

用語

危険物保安監督者
危険物取扱作業の保
安に関する監督業務
を行う者。甲種また
は乙種の危険物取扱
者のうち、製造所等
で**6カ月以上**危険物
取扱いの**実務経験**を
有する者から選任。

◆ 危険物取扱者制度

製造所等での危険物の取扱いは、次の2つの場合に限られる。

- 危険物取扱者自身（甲種、乙種、丙種）が行う
- 危険物取扱者以外の者が、危険物取扱者（甲種または乙種）の立会いのもとに行う

◆ 甲種・乙種・丙種の取扱いと立会い

	取扱い	取扱いへの立会い
甲 種	すべての類の危険物	すべての類の危険物
乙 種	免状を取得した類の危険物	免状を取得した類の危険物
丙 種	第4類危険物の一部（▶p148）	できない

◆ 免状に関する各手続きの申請先

手続き	申請先
交付	● 受験した都道府県の知事
書換え	● 免状を交付した都道府県知事 ● 居住地の都道府県知事 ● 勤務地の都道府県知事
再交付	● 免状を交付した都道府県知事 ● 書換えをした都道府県知事
亡失した免状を発見したとき	● 再交付を受けた都道府県知事

◆ 定期点検

点検の時期	1年に1回以上
記録の保存期間	3年間
点検を行う者	丙種を含む危険物取扱者または危険物施設保安員（危険物取扱者の立会いがあればこれ以外の者もできる。定期点検の立会いは丙種でもできる）
必ず実施する施設	地下タンク貯蔵所、移動タンク貯蔵所、移送取扱所、地下タンクを有する製造所・給油取扱所・一般取扱所

◆ 危険物の取扱作業の保安に関する講習

保安講習についてのポイント
• 危険物取扱者（甲種・乙種・丙種）のうち、製造所等において危険物取扱作業に従事している者に受講義務がある ⇒現に危険物取扱作業に従事していない者には受講義務なし • 原則：**従事することとなった日から１年以内に受講する** 　例外：従事することとなった日の過去２年以内に免状の交付 　　　　（または保安講習）を受けている場合は、免状の交付 　　　　（または保安講習）を受けた日以降の最初の４月１日から３年 　　　　以内に受講する • 受講後はその受講日以降の最初の**４月１日から３年以内**ごとに受講を繰り返していく • 実施者は**都道府県知事**（どの都道府県で受講してもよい） • 受講義務に違反すると、**免状の返納**を命じられることがある

◆ 保安距離

• 保安距離…製造所等に火災等が起きたとき、付近の**保安対象物**（住宅、学校、病院など）に影響が及ばないように確保する一定の距離

保安距離を必要とする製造所等	保安距離を必要としない製造所等
• 製造所 • 屋内貯蔵所 • 屋外貯蔵所 • 屋外タンク貯蔵所 • 一般取扱所	• 屋内タンク貯蔵所 • 地下タンク貯蔵所 • 移動タンク貯蔵所 • 簡易タンク貯蔵所 • 給油取扱所 • 販売取扱所 • 移送取扱所

プラスワン

保有空地を必要とする施設
保安距離を
必要とする施設
＋屋外に設ける
　簡易タンク貯蔵所
＋地上に設ける
　移送取扱所

■主な保安対象物ごとの保安距離

保安対象物	保安距離
①**一般の住居**（製造所等と**同一敷地外のもの**）	10m以上
②**多数の人を収容する施設** 　学校、福祉施設、病院、劇場、映画館　など	30m以上
③**重要文化財等に指定された建造物**	50m以上
④**高圧ガス施設**、液化石油ガス施設	20m以上

重要

移動タンク貯蔵所に
設置する消火設備
指定数量の倍数にか
かわらず、**自動車用
消火器**のうち3.5kg
以上の**粉末消火器**ま
たはその他の消火器
を**2個以上**設ける。

重要

給油取扱所に設置で
きる建築物
● 事務所
● 店舗、飲食店
　（遊技場は×）
● 自動車等の整備や
　洗浄を行う作業場
● 管理者等の住居
　（トラック運転手の
　簡易宿泊所は×）

プラスワン

運搬については、危
険物が**指定数量未満**
の場合でも消防法に
よる規制を受ける。
危険物取扱者の車両
への乗車は不要。

用語

移送
移動タンク貯蔵所に
よって危険物を輸送
すること。

◆ 移動タンク貯蔵所と給油取扱所

■移動タンク貯蔵所

常置場所	屋外…防火上安全な場所 屋内…壁、床、梁および屋根を耐火構造または不燃材料 でつくった建築物の1階
タンクの容量	移動貯蔵タンクの容量は**30,000L以下**
タンクの材料 と錆止め	● 厚さ3.2mm以上の鋼板等でつくる ● タンクの外面には錆止めの塗装
配管	先端部に**弁**などを設ける
接地導線 （アース）	ガソリンなど静電気による災害発生のおそれがある液体 危険物の移動貯蔵タンクには**接地導線**を設ける
表示設備	車両の前後の見やすい箇所に「**危**」と表示する

■給油取扱所

給油空地	間口**10m以上**、奥行**6m以上**
地下タンク	● **専用タンク**…容量制限なし ● **廃油タンク**…容量**10,000L以下**
事務所等の 窓・出入口	窓・出入口にガラスを用いる場合は**網入りガラス**にする
表示設備	見やすい箇所に、給油取扱所である旨を示す**標識**と 「**火気厳禁**」と表示した**掲示板**を設ける

◆ 運搬および移送の主な基準

運搬	● 運搬容器は**収納口**を上方に向け、**落下**、**転倒**、**破損**しないよ 　うに積載し、著しい**摩擦**や**動揺**がないように運搬する ● 運搬容器の外部に、危険物の**品名**、**数量**などを表示する ● 指定数量以上の危険物を運搬する場合 　・「**危**」と表示した**標識**を車両前後の見やすい箇所に掲げる 　・車両を**一時停止**させるときは**安全な場所**を選び、運搬する 　　危険物の保安に注意する 　・運搬する危険物に適応する**消火設備**を備える
移送	● 危険物を**移送**する移動タンク貯蔵所には、**その危険物の取扱 　いができる資格**を持った危険物取扱者を乗車させる ● 移送をする移動タンク貯蔵所に乗車する危険物取扱者は、危 　険物取扱者**免状**を携帯して乗車する

さくいん

●法改正・正誤等の情報につきましては、下記「ユーキャンの本」ウェブサイト内「追補（法改正・正誤）」をご覧ください。
https://www.u-can.co.jp/book/information

●本書の内容についてお気づきの点は
・「ユーキャンの本」ウェブサイト内「よくあるご質問」をご参照ください。
https://www.u-can.co.jp/book/faq
・郵送・FAXでのお問い合わせをご希望の方は、書名・発行年月日・お客様のお名前・ご住所・FAX番号をお書き添えの上、下記までご連絡ください。
【郵送】〒169-8682 東京都新宿北郵便局 郵便私書箱第2005号
ユーキャン学び出版 危険物取扱者資格書籍編集部
【FAX】03-3350-7883
◎より詳しい解説や解答方法についてのお問い合わせ、他社の書籍の記載内容等に関しては回答いたしかねます。

●お電話でのお問い合わせ・質問指導は行っておりません。

ユーキャンの丙種危険物取扱者 速習レッスン 第3版

2013年12月25日 初 版 第1刷発行	編 者 ユーキャン危険物取扱者試験研究会
2018年7月27日 第2版 第1刷発行	発行者 品川泰一
2024年6月24日 第3版 第1刷発行	発行所 株式会社 ユーキャン 学び出版

発行所 株式会社 ユーキャン 学び出版
〒151-0053
東京都渋谷区代々木1-11-1
Tel 03-3378-1400

編 集 株式会社 東京コア

発売元 株式会社 自由国民社
〒171-0033
東京都豊島区高田3-10-11
Tel 03-6233-0781（営業部）

印刷・製本 望月印刷株式会社

※落丁・乱丁その他不良の品がありましたらお取り替えいたします。お買い求めの書店か自由国民社営業部（Tel 03-6233-0781）へお申し出ください。

© U-CAN, Inc. 2024 Printed in Japan ISBN978-4-426-61578-9

予想
模擬試験

■予想模擬試験の活用方法

　この試験は、本試験前の学習理解度の確認用に活用してください。本試験での合格基準（各科目60％以上の正解率）を目標に取り組みましょう。

■解答の記入の仕方

①解答の記入には、本試験と同様にＨＢかＢの鉛筆を使用してください。なお、本試験では電卓、定規などは使用できません。

②解答カードは、本試験と同様の実物大のマークシート方式です。解答欄の正解と思う番号のだ円の中をぬりつぶしてください。その際、鉛筆が枠からはみ出さないよう気をつけてください。

③消しゴムはよく消えるものを使用し、本試験で解答が無効にならないよう注意してください。

■試験時間

75分（本試験の試験時間と同じです）

本冊子は取り外せます ➡

予想模擬試験〈第1回〉

■危険物に関する法令■ (10問)

問題1　法に定める危険物について、次のうち誤っているものはどれか。

(1) ガソリンは、第1石油類である。

(2) 灯油は、第2石油類である。

(3) 重油は、第3石油類である。

(4) クレオソート油は、第4石油類である。

問題2　法令上、次の物品と数量の組合せについて、指定数量の倍数の合計が最も大きいものはどれか。

物品	指定数量
ガソリン	200 L
灯油・軽油	1,000 L
重油	2,000 L

(1) ガソリン2,000 L、灯油5,000 L

(2) 灯油4,000 L、重油4,000 L

(3) 重油6,000 L、軽油2,000 L

(4) 軽油7,000 L、ガソリン1,000 L

問題3　市町村長等の許可を必要とするものは、次のうちどれか。

(1) 製造所等を変更する場合、変更工事に係る部分以外の部分を仮使用するとき。

(2) 貯蔵または取り扱う危険物の品名、数量または指定数量の倍数を変更しようとするとき。

(3) 製造所等の譲渡または引渡しがあったとき。

(4) 製造所等を設置しようとするとき。

問題4　法令上、丙種危険物取扱者が取り扱うことのできる危険物のみの組合せとして、次のうち正しいものはどれか。

(1)　ガソリン、軽油、エタノール、重油

(2)　ガソリン、灯油、潤滑油、ギヤー油

(3)　灯油、アセトン、エタノール、グリセリン

(4)　ギヤー油、重油、軽油、ジエチルエーテル

問題5　危険物取扱者免状について、次のうち誤っているものはどれか。

(1)　免状は、危険物取扱者試験の合格者に対し、都道府県知事が交付する。

(2)　免状の再交付は、全国どこの都道府県知事に申請してもよい。

(3)　免状の書換えは、免状を交付した都道府県知事、または居住地もしくは勤務地を管轄する都道府県知事に申請する。

(4)　危険物取扱者が消防法令に違反したときは、都道府県知事から免状の返納を命ぜられることがある。

問題6　指定数量の倍数に関係なく、定期点検を行わなければならない製造所等は、次のうちどれか。

(1)　屋内貯蔵所

(2)　屋内タンク貯蔵所

(3)　屋外タンク貯蔵所

(4)　地下タンクを有する製造所

問題7　製造所等の保安距離として、次のうち誤っているものはどれか。

(1)　一般の住居（同一敷地外のもの）………20m以上

(2)　学校、病院、劇場…………………………30m以上

(3)　重要文化財に指定された建造物…………50m以上

(4)　高圧ガスの施設……………………………20m以上

問題8　法令上、製造所等に設置する消火設備について、次のうち誤っているものはどれか。

(1)　スプリンクラー設備は、第2種消火設備である。

(2)　小型の消火器は、第5種消火設備である。

(3)　第4種消火設備とは、第4類危険物の火災に適応する消火設備のことである。

(4)　地下タンク貯蔵所には、第5種消火設備を2個以上設置することとされている。

問題9　すべての製造所等に共通する危険物の貯蔵または取扱いの基準について、次のうち誤っているものどれか。

(1) 危険物の貯蔵または取扱いをする建築物等は、蒸気が漏れないよう常に密閉する。
(2) 危険物のくず等は、1日に1回以上、性質に応じて安全な場所・方法で処理する。
(3) 貯留設備等に溜まった危険物は、あふれないように随時汲み上げる。
(4) 危険物が残存しているおそれのある設備、容器等の修理は、安全な場所において危険物を完全に除去した後に行う。

問題10　法令上、移動タンク貯蔵所により危険物を移送する場合、次のうち誤っているものはどれか。

(1) 移動タンク貯蔵所には、完成検査済証を備え付けなければならない。
(2) 移送する危険物を取り扱うことのできる危険物取扱者が運転しなければならない。
(3) 移送のため乗車する危険物取扱者は、必ず免状を携帯していなければならない。
(4) ガソリンを移送する場合は、甲種、乙種または丙種危険物取扱者の乗車が必要である。

■燃焼および消火に関する基礎知識■ (5問)

問題11　燃焼の3要素について、次のうち誤っているものはどれか。

(1) 燃焼の3要素とは、可燃物、酸素供給源および点火源をいい、このうちの1つでも欠ければ燃焼は起こらない。
(2) 可燃物とは、ガソリンや灯油など、酸素と反応する可燃性の物質をいう。
(3) 空気は代表的な酸素供給源であり、酸素は空気中に約21％（容量）含まれている。
(4) 点火源とは、燃焼を開始するためのエネルギーを与えるものをいい、静電気の火花は点火源とはならない。

問題12　丙種危険物取扱者が取り扱える危険物の燃焼方法として、次のうち正しいものはどれか。

(1) 分解燃焼
(2) 自己燃焼
(3) 蒸発燃焼
(4) 表面燃焼

問題13　引火点が40℃の可燃性液体について、次のうち正しいものはどれか。
(1)　液温が40℃になると、点火源があれば引火する。
(2)　液温が40℃になると、点火源がなくても液体が発火する。
(3)　気温が40℃になると、液面から可燃性蒸気が発生しはじめる。
(4)　気温が40℃になると、点火源により液体が発火する。

問題14　窒息効果による消火方法（窒息消火）は、次のうちどれか。
(1)　ガスの元栓を閉めて火を消す。
(2)　アルコールランプにふたをして消火する。
(3)　ロウソクの炎に息を吹きかけて消す。
(4)　燃えている木材に水をかけて消火する。

問題15　油火災に対しては泡消火剤が有効であるが、その理由として次のうち最も適切なものはどれか。
(1)　泡が油に溶け込んで、油が燃えにくくなるから。
(2)　油が泡の中に取り込まれ、可燃性蒸気の発生が抑えられるから。
(3)　泡が油を覆うことにより、酸素の供給が断たれるから。
(4)　泡が熱を奪うことによって温度が下がるから。

■危険物の性質ならびにその火災予防および消火の方法■ (10問)

問題16　第4類危険物に共通する性状として、次のうち誤っているものはどれか。
(1)　すべて可燃物である。
(2)　火気、火花等により引火する危険性がある。
(3)　水より軽く、水に溶けやすいものが多い。
(4)　蒸気比重が1より大きいものがほとんどである。

問題17　第4類危険物を貯蔵または取り扱う際の火災予防方法として、次のうち誤っているものはどれか。
(1)　可燃性蒸気が漏れ出さないよう、容器を密栓する。
(2)　可燃性蒸気が滞留しないよう、換気や通風を十分に行う。
(3)　火気、火花等の接近を避ける。
(4)　静電気の蓄積を防ぐため、湿度を低くする。

問題18 危険物とその火災に適応する消火器との組合せとして、次のうち誤っているものはどれか。

	危険物	消火器
(1)	灯油	二酸化炭素を放射
(2)	軽油	消火粉末（りん酸塩類等）を放射
(3)	ガソリン	棒状の水を放射
(4)	重油	泡を放射

問題19 ガソリンの性状として、次のうち誤っているものはどれか。
(1) 水に溶けない。
(2) 特有の臭気がある。
(3) 引火点は－40℃以下である。
(4) 液比重は1より大きい。

問題20 ガソリンが入っていた金属製ドラムの取扱いについて、次のうち正しいものはどれか。
(1) 灯油の蒸気を吹きかけて、きれいにする。
(2) ふたをあけて、逆さにした状態で積んでおく。
(3) ふたをして、火気のない所に保管する。
(4) 空であることがわかるように、ふたをあけておく。

問題21 軽油の性状等として、次のうち誤っているものはどれか。
(1) 一般に「ディーゼル油」とも呼ばれている。
(2) 液比重は1より小さい。
(3) よく混ぜると、水に溶ける。
(4) 布等に染み込んだものは、引火点より低い温度でも引火する危険性が高い。

問題22 重油の性状として、次のうち誤っているものはどれか。
(1) 液比重が1より大きい。
(2) 褐色または暗褐色の粘性のある液体である。
(3) 引火点がガソリンよりも高い。
(4) 霧状にすると、引火しやすくなる。

問題23　第4石油類について、次のうち誤っているものはどれか。

(1)　ギヤー油、シリンダー油などの潤滑油、可塑剤その他多くの種類が含まれる。

(2)　第4石油類の引火点は、70℃以上200℃未満である。

(3)　一般に粘性のある液体である。

(4)　液比重が1より大きいものもある。

問題24　動植物油類の性状等として、次のうち正しいものはどれか。

(1)　動物の脂肉等または植物の種子や果肉から抽出される油である。

(2)　常温（20℃）では、ほとんどのものが固体である。

(3)　液比重は1より大きいものが多い。

(4)　引火点が非常に高いので、燃えはじめても消火が容易である。

問題25　移動タンク貯蔵所から給油取扱所に危険物を荷下ろしする場合に行う安全対策として、次のうち妥当でないものはどれか。

(1)　移動タンク貯蔵所に設置された接地導線を、給油取扱所に設置された接地端子に取り付ける。

(2)　荷受け側施設内での火気使用状況を確認するとともに、注油口の近くで風上となる場所を選んで消火器を配置する。

(3)　地下専用タンクの残油量を計量口を開けて確認したあと、荷下ろしが終了するまで計量口のふたは閉めないようにする。

(4)　荷下ろし中は、緊急事態にすぐ対応できるよう、移動タンク貯蔵所付近から離れないようにする。

■危険物に関する法令■ （10問）

問題1　法に定める危険物について、次のうち正しいものはどれか。

(1)　甲種危険物、乙種危険物および丙種危険物に分類されている。

(2)　第一類から第六類の危険物に分類されている。

(3)　類が同じ危険物は、指定数量も同一である。

(4)　危険物とは、「法別表第一に掲げる発火性又は引火性物品をいう」と定義されている。

問題2　法令上、同一の場所において、次の危険物A～Cを貯蔵する場合、貯蔵している危険物の指定数量の倍数はいくつか。

	指定数量	貯蔵量
危険物A	200 L	400 L
危険物B	1,000 L	500 L
危険物C	2,000 L	4,000 L

(1)　3.0

(2)　3.5

(3)　4.0

(4)　4.5

問題3　法令上、丙種危険物取扱者の説明として、次のうち正しいものはどれか。

(1)　すべての第4類危険物を取り扱うことができる。

(2)　危険物取扱者以外の者が危険物の取扱作業に従事するとき、立会いができる。

(3)　定期点検を自ら行うことはできない。

(4)　ガソリンを移送する移動タンク貯蔵所に、資格者として乗車することができる。

問題4 法令上、丙種危険物取扱者が取り扱うことのできる危険物は、次のうちいくつあるか。

　　　二硫化炭素、灯油、ガソリン、重油、硝酸、メタノール、軽油

(1)　3つ

(2)　4つ

(3)　5つ

(4)　6つ

問題5 製造所等のうち、保有空地を必要としないものは、次のうちどれか。

(1)　給油取扱所

(2)　製造所

(3)　屋外貯蔵所

(4)　屋外タンク貯蔵所

問題6 製造所の建物の構造および設備に関する技術上の基準として、次のうち誤っているものはどれか。

(1)　屋根は不燃材料でつくり、金属板等の軽量な不燃材料でふく。

(2)　建物の窓にガラスを用いる場合は、網入りガラスとする。

(3)　可燃性の蒸気や微粉を屋外の低所に排出する設備を設ける。

(4)　液状危険物を取り扱う建物の床には適当な傾斜をつけ、「ためます」等を設ける。

問題7 給油取扱所の位置、構造および設備に関する技術上の基準について、次のうち誤っているものはどれか。

(1)　見やすい箇所に、給油取扱所である旨を示す標識のほか、「火気厳禁」と表示した掲示板を設けなければならない。

(2)　固定給油設備のホース機器の周囲に、間口15m以上、奥行4m以上の給油空地を設けなければならない。

(3)　顧客に自ら給油等をさせる給油取扱所では、給油ホース等の直近に、ホース機器等の使用方法や危険物の品目を表示する必要がある。

(4)　固定給油設備等に接続する専用タンクや、廃油タンク（容量10,000L以下）は、地盤面下に設置する。

問題8　第4種の消火設備は、次のうちどれか。

(1)　屋内消火栓

(2)　乾燥砂

(3)　消火粉末を放射する小型の消火器

(4)　霧状の強化液を放射する大型の消火器

問題9　屋内貯蔵所における貯蔵の基準として、次のうち誤っているものはどれか。

(1)　原則として、危険物を容器に収納して貯蔵する。

(2)　容器を積み重ねる場合は、原則として高さ3mを超えてはならない。

(3)　軽油と重油は、同じ部屋で貯蔵することができない。

(4)　貯蔵する危険物の温度が55℃を超えないよう必要な措置をとる。

問題10　法令上、危険物の運搬について、次のうち誤っているものはどれか。

(1)　危険物を収納した運搬容器が著しく摩擦または動揺を起こさないようにする。

(2)　運搬容器がポリエチレン製容器の場合には収納口を上方に向けて積載しなければ
ならないが、金属製ドラム缶の場合は横に向けて積載しなければならない。

(3)　指定数量以上の危険物を車両で運搬する場合は、「危」と表示した標識を掲げな
ければならない。

(4)　指定数量以上の危険物を車両で運搬する場合は、その危険物に適応する消火設備
を備えなければならない。

■燃焼および消火に関する基礎知識■ (5問)

問題11　燃焼の説明として、次のうち正しいものはどれか。

(1)　二酸化炭素を生じる分解反応

(2)　二酸化炭素と水を生じる分解反応

(3)　音と光の発生を伴う酸化反応

(4)　熱と光の発生を伴う酸化反応

問題12　可燃性蒸気の燃焼範囲について、次のうち誤っているものはどれか。

(1)　可燃性蒸気が、空気と混合し、点火源により燃焼することのできる濃度の範囲を
燃焼範囲という。

(2)　可燃性蒸気の濃度が燃焼範囲の上限値を示すときの液温を、引火点という。

(3)　燃焼範囲は、可燃性蒸気ごとに異なっている。

(4)　燃焼範囲の幅が広いものほど危険性が高くなる。

問題13　発火点が220℃の可燃性液体について、次のうち正しいものはどれか。

(1)　220℃になると、液体の内部から可燃性蒸気の発生が起こる。

(2)　220℃になるまで、液面から可燃性蒸気が発生する。

(3)　220℃になると、点火源がなくてもおのずから燃えはじめる。

(4)　220℃になると、点火源により発火する。

問題14　静電気に関する説明として、次のうち誤っているものはどれか。

(1)　ガソリン、灯油は、運搬や給油時などに静電気が発生しやすい。

(2)　静電気は、人体にも帯電する。

(3)　静電気は、機器等が接地されていると帯電しやすい。

(4)　静電気の帯電を防止するため、湿度を高くする方法がある。

問題15　消火方法と主な消火効果の組合せとして、次のうち誤っているものはどれか。

(1)　地面にこぼれた灯油に火がついたので、乾燥砂をかけて消火した。… 冷却効果

(2)　容器内の灯油が燃えはじめたので、泡消火器で消火した。………… 窒息効果

(3)　紙くずが燃えはじめたので、強化液の棒状放射で消火した。……… 冷却効果

(4)　容器内のガソリンが燃えていたので、容器にふたをして消火した。… 窒息効果

■危険物の性質ならびにその火災予防および消火の方法■ (10問)

問題16　丙種危険物取扱者が取り扱える危険物の性状について、次のうち誤っているものはどれか。

(1)　常温（20℃）でも発火しやすい。

(2)　可燃性蒸気を発生する。

(3)　水溶性のものもある。

(4)　すべて引火性の液体である。

問題17　灯油の容器に誤ってガソリンを入れて販売した。これを灯油ストーブに使用したときに考えられることは、次のうちどれか。

(1)　灯油よりも多少燃焼しやすくなる程度で、あまり変わらない。

(2)　ガソリンは引火点が低いので点火が容易になり、ストーブが使いやすくなる。

(3)　可燃性蒸気の濃度が濃くなりすぎて、火がつきにくくなる。

(4)　燃焼が激しくなり、火災になる危険性がある。

問題18　油火災に適応しない消火設備は、次のうちどれか。

(1)　霧状の強化液を放射する小型消火器

(2)　不活性ガス消火設備

(3)　スプリンクラー設備

(4)　泡消火剤を放射する大型消火器

問題19　ガソリンの貯蔵・取扱いをする場合の注意事項として、次のうち正しいものはどれか。

(1)　ガソリンの蒸気は軽いので、できるだけ低所に排出するようにする。

(2)　パイプ等で送油する場合は、流速をなるべく遅くする。

(3)　必ず引火点よりも低い温度の場所で貯蔵する。

(4)　容器に詰め替えるときは、蒸気が外部に漏れないよう、作業場を密閉する。

問題20　灯油の性状等として、次のうち誤っているものはどれか。

(1)　ストーブの燃料、溶剤などに使用されている。

(2)　水に溶けない。

(3)　引火点は40℃以上である。

(4)　液比重は1以上である。

問題21　軽油の性状として、次のうち誤っているものはどれか。

(1)　粘性のある暗褐色の液体である。

(2)　流動すると、静電気が発生しやすい。

(3)　蒸気は空気よりかなり重い。

(4)　発火点はガソリンより低い。

問題22　重油の性状等について、次のうち正しいものはどれか。

(1)　水に溶けず、液比重は1より大きい。

(2)　引火点は60℃以上である。

(3)　原油を蒸留すると、ガソリンと灯油の間の物質として得られる。

(4)　加熱しても発火することはない。

問題23　潤滑油について、次のうち誤っているものはどれか。

(1)　炭化水素の複雑な混合物である。

(2)　製造面から、石油系潤滑油、合成潤滑油、脂肪油などに大別できる。

(3)　絶縁や錆止めに用いられるものもある。

(4)　潤滑油は、すべて第4石油類に区分される。

問題24　動植物油類について、次のA〜Cのうち正しいもののみを掲げているものはどれか。

　　　A　乾性油は空気中で酸化されやすいため、乾性油が染み込んだ布や紙などは酸化熱が蓄積され、自然発火を起こすことがある。

　　　B　動植物油類が燃焼しているときは、液温が非常に高くなっているため、注水すると、燃えている油が飛び散って火傷する危険がある。

　　　C　常温（20℃）で引火しやすい物質である。

(1)　A

(2)　C

(3)　A　B

(4)　B　C

問題25　引火点が一般に40℃以上70℃未満の範囲内にある危険物は、次のうちどれか。

(1)　トルエン

(2)　自動車ガソリン

(3)　ギヤー油

(4)　軽油

予想模擬試験〈第3回〉

■危険物に関する法令■ (10問)

問題1 法に定める危険物について、誤っているものの組合せは、次のうちどれか。

  A ガソリンは第1石油類である。

  B 灯油は第3石油類である。

  C 軽油は第2石油類である。

  D 重油は第4石油類である。

(1) A、B

(2) A、C

(3) B、C

(4) B、D

問題2 法令上、ガソリン1,000L、軽油5,000L、重油10,000Lが同時に貯蔵されている場合の指定数量の倍数の計算式と倍数が正しいものはどれか。

(1) $\dfrac{1000}{200}+\dfrac{5000}{1000}+\dfrac{10000}{2000}$ 15倍

(2) $\dfrac{1000}{500}+\dfrac{5000}{2000}+\dfrac{10000}{5000}$ 6.5倍

(3) $\dfrac{1000}{200}+\dfrac{5000}{1000}+\dfrac{10000}{4000}$ 12.5倍

(4) $\dfrac{1000}{1000}+\dfrac{5000}{2000}+\dfrac{10000}{5000}$ 5.5倍

問題3 法令上、製造所等の位置、構造または設備を変更しないで、貯蔵または取り扱う危険物の品名、数量または指定数量の倍数を変更する場合の手続きとして、次のうち正しいものはどれか。

(1) 変更する前に、市町村長等に許可を申請する。

(2) 変更後、遅滞なく市町村長等に届出をする。

(3) 変更しようとする10日前までに、市町村長等に届出をする。

(4) 変更しようとする10日前までに、所轄消防長または消防署長に届出をする。

問題4　法令上、丙種危険物取扱者について、次のうち正しいものはどれか。

(1)　製造所等においては、指定数量未満であれば、すべての危険物を取り扱える。

(2)　取扱いを認められている危険物であれば、指定数量の倍数にかかわらず取り扱える。

(3)　取扱いを認められている危険物であれば、危険物取扱者以外の者による取扱いにも立ち会うことができる。

(4)　製造所等において6カ月以上の実務経験があれば、危険物保安監督者になることができる。

問題5　法令上、次の文の（　　）内に当てはまるものはどれか。

「免状を亡失してその再交付を受けた者は、亡失した免状を発見した場合には、これを（　　）に、免状の再交付を受けた都道府県知事に提出しなければならない。」

(1)　速やか　　　(2)　5日以内　　　(3)　10日以内　　　(4)　30日以内

問題6　法令上、製造所等の定期点検について、次のうち正しいものはどれか。ただし、規則で定める漏れの点検を除く。

(1)　丙種危険物取扱者は、定期点検を行うことはできない。

(2)　定期点検の記録は、1年間保存しなければならない。

(3)　危険物施設保安員がいる製造所等では、定期点検は免除される。

(4)　移動タンク貯蔵所は、貯蔵する危険物の量にかかわらず、定期点検が義務付けられている。

問題7　移動タンク貯蔵所の基準について、次のうち誤っているものはどれか。

(1)　移動タンク貯蔵所は、屋外に常置させなければならない。

(2)　移動タンク貯蔵所のタンクの容量は30,000Lで、4,000Lごとに間仕切りを設ける。

(3)　災害発生の恐れがある場合には、接地をする。

(4)　そのタンクが貯蔵し、取り扱う危険物の類、品名、最大数量等を掲示する。

問題8　法令上、製造所等における危険物の貯蔵または取扱いについて、次のうち正しいものはどれか。

(1)　貯留設備に溜まった油は、水で薄めてから下水に流さなければならない。

(2)　危険物が残存しているまたは残存しているおそれのある装置、機械器具または容器等を修理する場合、残存している危険物に注意して溶接等の作業を行うこと。

(3)　貯留設備や油分離装置に溜まった危険物は、10日に1回以上汲み上げる。

(4)　貯蔵所等には、危険物以外の物品は原則として同時貯蔵できない。

問題9 法令上、危険物の運搬について、次のうち誤っているものはどれか。

(1) 運搬容器の収納口が、上を向くように積む。

(2) 指定数量以上の危険物を運搬する際には、「危」の表示をする。

(3) 指定数量以上の危険物を運搬する際には、10日前までに、消防署長に届け出る。

(4) 危険物を運搬する際には、慎重に運転する。

問題10 移動タンク貯蔵所で、丙種危険物取扱者が乗車して第4類危険物を移送する場合、移送できる危険物として、次のうち正しいものはどれか。

(1) 第2石油類はすべて移送できる。

(2) 第3石油類および動植物油類はすべて移送できる。

(3) ガソリン、灯油、メタノールはすべて移送できる。

(4) 重油、軽油、ギヤー油はすべて移送できる。

■燃焼および消火に関する基礎知識■ (5問)

問題11 燃焼の3要素を満たす組合せとして、次のうち正しいものはどれか。

(1)	灯油	窒素	マッチの火
(2)	軽油	酸素	水素
(3)	ガソリン	空気	放電火花
(4)	二酸化炭素	酸素	赤熱した鉄

問題12 可燃性液体の燃焼の説明として、次のうち正しいものはどれか。

(1) 点火源により、液体そのものが燃焼する。

(2) 液体から蒸発した可燃性の蒸気が燃焼する。

(3) 引火点以上に加熱されることにより、液体が自然発火する。

(4) 熱によって液体が分解され、燃焼する。

問題13 次のA～Cの説明のうち、正しいもののみを掲げているものはどれか。

　　A　引火点とは、空気中で可燃性液体に点火源を近づけたとき、燃え出すのに十分な濃度の蒸気を液面上に発生させる最低の液温をいう。

　　B　発火点とは、空気中で可燃性物質を加熱したとき、点火源なしに、自ら燃焼しはじめる最低の温度をいう。

　　C　一般的に、引火点は発火点よりも高い値を示す。

(1) A　　　(2) A　B　　　(3) B　C　　　(4) C

問題14　静電気に関する説明として、次のうち誤っているものはどれか。

(1)　帯電体に分布する流れのない電気を、静電気という。

(2)　木や紙のように電気を通さないものを、不良導体という。

(3)　2つの異なる物質が接触して離れるときに、片方の物質に正の電荷が生じた場合、もう片方の物質には負の電荷が生じる。

(4)　タンク等にガソリンを流入するときは、できるだけ流速を速くする。

問題15　油火災に対して水による消火が不適切とされる理由は、次のうちどれか。

(1)　水は、比熱と蒸発熱が大きいから。

(2)　水が蒸発して、多量の水蒸気が発生するから。

(3)　油が水に浮いて、燃焼面積を拡大させる危険性が高いから。

(4)　油火災は火勢が強いので、水では十分に冷却できないから。

■危険物の性質ならびにその火災予防および消火の方法■　(10問)

問題16　引火性液体の性状として、次のうち正しいものはどれか。

(1)　一般に静電気が蓄積されやすい。

(2)　それ自身は燃焼しないが、ほかの物質を酸化させる性質がある。

(3)　霧状にすると、引火しにくくなる。

(4)　蒸気は空気よりも軽い。

問題17　ガソリンの入っていた容器に灯油を入れた際に生じる危険性について、次のうち正しいものはどれか。

(1)　灯油の方がガソリンよりも引火点が高いため、危険性は減少する。

(2)　ガソリン蒸気と灯油とが化学反応を起こし、爆発する危険性がある。

(3)　ガソリンの蒸気濃度が燃焼範囲内まで下がり、放電火花によって爆発する危険性がある。

(4)　ガソリン蒸気と灯油が混合して発熱し、発火点に達して爆発する危険性がある。

問題18　第4類危険物の危険性について、次のうち誤っているものはどれか。

(1)　燃焼範囲（爆発範囲）の幅が狭いものほど危険性が少ない。

(2)　発火点が低いものほど危険性が大きい。

(3)　燃焼範囲（爆発範囲）の下限値が低いものほど危険性が大きい。

(4)　引火点が低いものほど危険性が少ない。

問題19　ガソリン携行缶の取扱いについて、次のうち誤っているものはいくつあるか。

    A　発電機のエンジン等のそばにおいて、携行缶が温かくなっている場合は、エンジン等から十分に離れた場所でふたをあけて、温度を下げる。

    B　発電機のエンジン等の近くでふたをあける場合は、エンジン等を止めてからふたをあける。

    C　保管する際には、携行缶のふたを少し緩めておく。

    D　灯油用のポリエチレンタンク（20 L）を使用する。

(1)　1つ

(2)　2つ

(3)　3つ

(4)　4つ

問題20　ガソリンの燃焼範囲として、次のうち正しいものはどれか。

(1)　0.5 〜 1.4vol%

(2)　1.4 〜 7.6vol%

(3)　1.4 〜 15.0vol%

(4)　1.4 〜 30.0vol%

問題21　軽油の性状として、次のうち誤っているものはどれか。

(1)　淡黄色または淡褐色の液体である。

(2)　軽油は、JISの区分に従って、季節、地域によって使い分けられている。

(3)　軽油の蒸気は軽いので、天井付近に滞留する。

(4)　引火点は45℃以上である。

問題22　第4石油類の性状として共通するものは、次のうちどれか。

(1)　常温（20℃）ではすべて固体である。

(2)　いったん火災になると、液温が非常に高くなって消火が困難となる。

(3)　液温が高温になっているものに水を入れても、油類が飛散することはない。

(4)　引火点が非常に高いため、液温が高温になっても引火する危険性はない。

問題23 油類について、次のうち誤っているものはどれか。

(1) ガソリンの蒸気は空気より軽い。

(2) 灯油と重油は、どちらも非水溶性である。

(3) ギヤー油は、潤滑油として用いられている。

(4) 乾性油がぼろ布等に染み込んでいると、自然発火を起こす危険性がある。

問題24 引火点の低いものから高いものの順に並んでいるものは、次のうちどれか。

(1) ギヤー油 ＜ 重油 ＜ 軽油 ＜ 自動車ガソリン

(2) 自動車ガソリン ＜ 重油 ＜ 軽油 ＜ ギヤー油

(3) グリセリン ＜ 軽油 ＜ 重油 ＜ ギヤー油

(4) 自動車ガソリン ＜ 軽油 ＜ 重油 ＜ ギヤー油

問題25 給油取扱所におけるさまざまな現象から、専用タンクや地下埋設配管の腐食を早期に発見することができる。次のうち、専用タンク等が腐食しているおそれが最も小さい現象はどれか。

(1) 入出荷量から計算した危険物の在庫量と、液面計で測定した実際の在庫量を比較すると、実際の在庫量の方が少ない日が続いていた。

(2) 専用タンクの周囲に設けられた危険物の漏れを検知する管（漏えい検査管）から、タール状の物質が検出された。

(3) 移動タンク貯蔵所から専用タンクに危険物を注入する際に、通気管の先端から油臭がした。

(4) 固定給油設備の給油ノズルから出た危険物を確認したところ、水が混ざっていた。

予想模擬試験〈第 1 回〉

丙種

〈マーク記入例〉

よい例	悪い例			
●	小さい ⊙	レ点 ✓	直線 ◐	薄い ◓

月　日

東京都

山田一郎

①マーク記入例の「よい例」のようにマークしてください。
②カードには、HBかBの鉛筆を使ってマークしてください。
③訂正するときは、消しゴムできれいに消してください。
④カードを、折り曲げたり、よごしたりしないでください。
⑤カードの、必要のない所にマークしたり、記入したりしないでください。

法令

1	2	3	4	5	6	7	8	9	10
①	①	①	①	①	①	①	①	①	①
②	②	②	②	②	②	②	②	②	②
③	③	③	③	③	③	③	③	③	③
④	④	④	④	④	④	④	④	④	④

燃焼・消火

11	12	13	14	15
①	①	①	①	①
②	②	②	②	②
③	③	③	③	③
④	④	④	④	④

性質・消火

16	17	18	19	20	21	22	23	24	25
①	①	①	①	①	①	①	①	①	①
②	②	②	②	②	②	②	②	②	②
③	③	③	③	③	③	③	③	③	③
④	④	④	④	④	④	④	④	④	④

E －

①	①	①	①
②	②	②	②
③	③	③	③
④	④	④	④
⑤	⑤	⑤	⑤
⑥	⑥	⑥	⑥
⑦	⑦	⑦	⑦
⑧	⑧	⑧	⑧
⑨	⑨	⑨	⑨
⓪	⓪	⓪	⓪

キリトリセン

予想模擬試験〈第2回〉

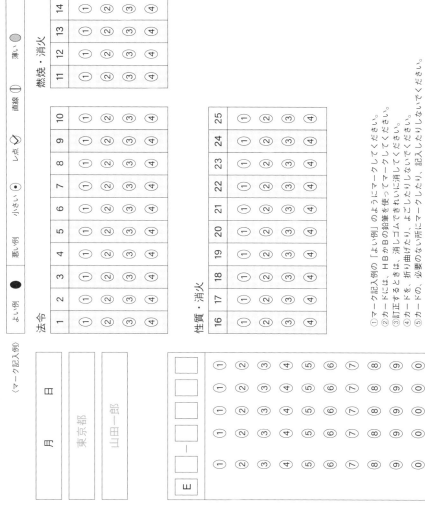

丙種

予想模擬試験〈第3回〉

丙種

キリトリセン

〈マーク記入例〉

よい例	悪い例	小さい	レ点	直線	薄い
●	⊗	⊙	✓	⊖	◓

月　日

東京都

山田一郎

E	-			

① ② ③ ④ ⑤ ⑥ ⑦ ⑧ ⑨ ⓪
① ② ③ ④ ⑤ ⑥ ⑦ ⑧ ⑨ ⓪
① ② ③ ④ ⑤ ⑥ ⑦ ⑧ ⑨ ⓪
① ② ③ ④ ⑤ ⑥ ⑦ ⑧ ⑨ ⓪

法令

1	2	3	4	5	6	7	8	9	10
①②③④	①②③④	①②③④	①②③④	①②③④	①②③④	①②③④	①②③④	①②③④	①②③④

燃焼・消火

11	12	13	14	15
①②③④	①②③④	①②③④	①②③④	①②③④

性質・消火

16	17	18	19	20	21	22	23	24	25
①②③④	①②③④	①②③④	①②③④	①②③④	①②③④	①②③④	①②③④	①②③④	①②③④

①マーク記入例の「よい例」のようにマークしてください。
②カードには、HBかBの鉛筆を使ってマークしてください。
③訂正するときは、消しゴムできれいに消してください。
④カードを、折り曲げたり、よごしたりしないでください。
⑤カードの、必要のない所にマークしたり、記入したりしないでください。

● 25 ●

予想模擬試験 〈予備①〉

丙種

月　日

東京都

山田一郎

〈マーク記入例〉

よい例	悪い例			
●	小さい ⦿	レ点 ⊘	直線 ⊖	薄い ◐

法令

1	2	3	4	5	6	7	8	9	10
①	①	①	①	①	①	①	①	①	①
②	②	②	②	②	②	②	②	②	②
③	③	③	③	③	③	③	③	③	③
④	④	④	④	④	④	④	④	④	④

燃焼・消火

11	12	13	14	15
①	①	①	①	①
②	②	②	②	②
③	③	③	③	③
④	④	④	④	④

性質・消火

16	17	18	19	20	21	22	23	24	25
①	①	①	①	①	①	①	①	①	①
②	②	②	②	②	②	②	②	②	②
③	③	③	③	③	③	③	③	③	③
④	④	④	④	④	④	④	④	④	④

E　‑

①	①	①	①	①
②	②	②	②	②
③	③	③	③	③
④	④	④	④	④
⑤	⑤	⑤	⑤	⑤
⑥	⑥	⑥	⑥	⑥
⑦	⑦	⑦	⑦	⑦
⑧	⑧	⑧	⑧	⑧
⑨	⑨	⑨	⑨	⑨
⓪	⓪	⓪	⓪	⓪

①マーク記入例の「よい例」のようにマークしてください。
②カードには、HBかBの鉛筆を使ってマークしてください。
③訂正するときは、消しゴムできれいに消してください。
④カードを、折り曲げたり、よごしたりしないでください。
⑤カードの、必要のない所にマークしたり、記入したりしないでください。

予想模擬試験〈予備②〉

丙種

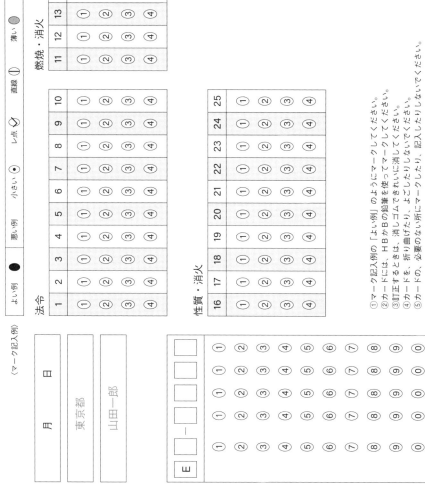

〈マーク記入例〉

よい例	悪い例				
●	小さい ⊙	レ点 ✓	直線 ◑	薄い ◖	

月　日

東京都

山田一郎

E-

法令

1	2	3	4	5	6	7	8	9	10
①②③④	①②③④	①②③④	①②③④	①②③④	①②③④	①②③④	①②③④	①②③④	①②③④

燃焼・消火

11	12	13	14	15
①②③④	①②③④	①②③④	①②③④	①②③④

性質・消火

16	17	18	19	20	21	22	23	24	25
①②③④	①②③④	①②③④	①②③④	①②③④	①②③④	①②③④	①②③④	①②③④	①②③④

①マーク記入例の「よい例」のようにマークしてください。
②カードには、HBかBの鉛筆を使ってマークしてください。
③訂正するときは、消しゴムできれいに消してください。
④カードを、折り曲げたり、よごしたりしないでください。
⑤カードの、必要のない所にマークしたり、記入したりしないでください。